Dieses Buch ist

---

gewidmet.

Danksagung

Für die Genehmigung von Abdruckrechten danken wir: der Droemerschen Verlagsanstalt Th. Knaur Nachf., München (*Ludwig Ganghofer:* Der Schuß in der Nacht); dem Winkler Verlag, München (*Iwan Turgenjew:* Ljgow, aus: »Aufzeichnungen eines Jägers«) und dem Autoren *Günther Schwab:* Der Förster vom Silberwald (Auszug).

Herausgeber und Redaktion:
Dr. Christian Zentner
und Mathias Forster, München
Typographie: Kaselow-Design, München
Einbandgestaltung: Graupner & Partner, München

ISBN 3-517-01107-X

Satz: Kösel, Kempten
Druck und Bindung: Auer, Donauwörth

Für den Jäger

Südwest Verlag
München

Inhalt

1. Naturliebe

Wer hat dich, du schöner Wald
Aufgebaut so hoch da droben?
Wohl den Meister will ich loben,
Solang noch mein Stimm erschallt.

Joseph von Eichendorff

Jägers Abendlied
Johann Wolfgang von Goethe

Im Felde schleich ich still und wild,
Gespannt mein Feuerrohr.
Da schwebt so licht dein liebes Bild,
Dein süßes Bild mir vor.

Du wandelst jetzt wohl still und mild
Durch Feld und liebes Tal,
Und ach, mein schnell verrauschend Bild,
Stellt sich dir's nicht einmal?

Des Menschen, der die Welt durchstreift
Voll Unmut und Verdruß,
Nach Osten und nach Westen schweift,
Weil er dich lassen muß.

Mir ist es, denk ich nur an dich,
Als in den Mond zu sehn;
Ein stiller Friede kommt auf mich,
Weiß nicht, wie mir geschehn.

Rettet den Silberwald!
Günther Schwab

Naturbewußte Menschen, die sich für den Schutz der bedrohten Umwelt einsetzen, gibt es nicht erst seit den siebziger Jahren. Das erste Kapitel des beliebten Heimatromans der fünfziger Jahre, Günther Schwabs »Der Förster vom Silberwald«, könnte die Überschrift »Kampf dem Baumsterben« oder »Rettet den Silberwald!« tragen . . .

Es muß etwas Außergewöhnliches vorgefallen sein! Denn so mir nichts dir nichts stürmt man nicht in das Wohnzimmer seines Dienst- und Jagdherrn, ohne anzuklopfen! Und daß der Jäger Hubert Gerold das tut, ist ganz besonders auffallend . . .

Er hat sich gerade noch Zeit genommen, Hut und Büchse im Hausflur an den Haken zu hängen. Es ist nicht gut, die Waffe aus der Winterkälte in ein wohlgeheiztes Zimmer zu tragen. Sie läuft an bis in alle Fugen, und man hat dann Mühe, sie vor Rost zu bewahren. Aber den Schnee von den Beinen zu stampfen, daran hat er nicht gedacht. Zweifellos: es muß etwas passiert sein!

Da steht er nun, tief und schnell atmend, in der jäh aufgerissenen Tür und – erstarrt. Es ist also ganz überflüssig, daß die Veronika, die im Winkel saß, aufspringt, ihm mit allen Anzeichen des Vorwurfs abwinkt und den Finger auf die Lippen setzt, um ihm Ruhe zu bedeuten.

Ach so!

Der Herr Hofrat aber läßt sich in keiner Weise stören. Hat er das plötzliche Erscheinen seines Jägers nicht bemerkt? Er spielt ruhig weiter auf dem Cembalo, mit einem leichten Nicken des alten Kopfes und einem Ausdruck milder Verklärung im Gesicht. Und die Kinder, die ihn im Halbkreis umstehen, zwölf oder fünfzehn an der Zahl, sind so sehr bei ihrer Sache, daß keines sich umwendet und sein Singen unterbricht.

Ein liebes, gutes altes Volkslied ist das. Der Hofrat Leonhard hat es vor kurzem erst einem Archiv entzogen, wo es unter Beigabe von Staub und alten Akten zur ewigen Ruhe beigesetzt war, so daß kein Mensch mehr davon etwas wußte. Jetzt aber lebt es wieder, lebt durch die Klänge dieses ehrwürdigen Instrumentes, lebt in den Kehlen dieser jungen Menschenkinder, und er, der alte Hofrat, hat es zum Leben erweckt, zu neuem Leben. Das ist's, was ihm die innige Freude ins Antlitz malt.

Nun endet es, und der alte Herr erhebt sich, wendet sich den kleinen Sängern zu.

»Kinder, heute war's schon sehr gut! Also, jetzt könnt ihr nach Hause gehen. Auf morgen, Vroni!«

Gut, daß der Hofrat die Singstunde beendet hat! Sie hält es kaum noch aus vor Neugier, die Veronika, was wohl den Jäger veranlaßt haben mag, mit rotem Kopf hereinzustürmen wie ein wildgewordener Stier. Und schon ist sie heran.

»Grüß Gott, Hubert! Was ist denn geschehen?« fragt sie mit spitzer Nase und funkelnden Augen.

Aber sie hat kein Glück, die Veronika. Der Jäger ist unwirsch.

»Nichts für dich!« sagt er, und das ist beinahe eine Beleidigung!

»A so?« sagt sie eingeschnappt. Dann rauscht sie hinaus, von den Kindern umgeben. Ach, sie wird es schon erfahren!

Dem Hofrat ist die Erregung des Jungen nicht entgangen. Um so mehr will er Ruhe und Güte sein, was immer er auch zu hören bekommen wird...

»Nun, was ist denn los, mein lieber Gerold?«

»Herr Hofrat! Die Gemeinde holzt den Silberwald ab. Und die Schlägerung hat schon begonnen, heute morgen.«

Ja, das ist nun freilich etwas, worauf der Hofrat nicht gefaßt war. Man darf das nicht auf die leichte Schulter nehmen! Er steht, hat die Hände am Rücken und sieht nachdenklich zu Boden. Der Jäger setzt fort, und er hält es für nötig, seinen Worten Nachdruck zu verleihen, so, als hätte der Hofrat die Lage noch nicht erfaßt...

»Herr Hofrat, wenn wir den Wald nicht retten, dann ist es aus...«

Es gibt Leute, die meinen, ein Wald sei nichts weiter als eine Versammlung von Bäumen, die nur darauf warten, umgeschlagen und zu Häusern und Schiffen, Schreibtischen und Papier, Eisenbahnschwellen und Särgen verarbeitet zu werden, und was es dergleichen mehr oder weniger nützliche Dinge gibt.

Aber der Wald ist ein lebendiges Organ der Landschaft. Man schneide einer Kuh Lunge und Nieren aus dem Leib und beobachte, wie weit sie noch laufen kann! Da hatte einer einen Wald. Er schlug ihn um, und im Winter darauf nahm die Lawine das Dorf mit. Da hatte einer einen Wald. Er schlug ihn um, und im weiten Umkreis versiegten die Brunnen. Da hatte einer einen Wald. Er schlug ihn um, und der Wind blies die Ackererde ab, so daß die Bauern in ein anderes Land ziehen mußten.

Es ist aber nicht jeder Wald gleich.

Da ist zum Beispiel der Silberwald über dem Dorf Hochmoos. Bis zu diesem Tag hat keine Axt daran gerührt. Der Silberwald ist wichtig für Hochmoos. Er schützt das Dorf vom Talschluß her vor den böigen Winden, die über den Kamm im Nordwesten fallen. Er leistet den Lawinen Widerstand. Er verbürgt die Stetigkeit der Quellen. Die Alten, die mit der Natur noch mehr verbunden waren, wußten um diese Zusammenhänge. Sie verspürten noch Ehrfurcht vor den Mächten, die über Leben und Tod entscheiden.

Er ist Jahrhunderte alt, der Silberwald. Er war unter Schutz gestellt, seit die Leute in Hochmoos denken können. Nun aber ist das anders. Die Menschen von heute sind gerne bereit zu verachten, was den Alten heilig war.

Man hält sie für rückständig und dumm und weiß dabei selbst noch nicht genau, ob man klüger sei.

Man legt aber im Grunde gar keinen Wert darauf, klüger zu sein. Man will Geld machen, nichts weiter. Das ist der modernen Weisheit letzter Schluß. Und darum ist man übereingekommen, den Silberwald zu schlagen, denn im Silberwald, nicht wahr, steht das älteste und beste Holz in der ganzen Gemeinde, engringig und astrein, und für solches Holz werden die höchsten Preise gezahlt...

Da ist aber noch etwas anderes. So alt wie die Wälder sind die Wildwechsel, die sie durchziehen. Große Straßen sind es, die meilenweit durch die Wälder führen, über Berge und Täler hinweg, sich verzweigen und wieder vereinen. Niemand weiß, wo sie beginnen und wo sie zu Ende gehen.

Auf ihnen pulst das Leben der Wildnis auch heute noch. Wo das Rotwild ausgerottet wurde und die Wildwege verödet lagen jahrzehnte- oder jahrhundertelang: Sowie es sich wieder einbürgerte, fanden die Nachkommen dieselben Wege wieder, die sie zu erkennen vermögen an geheimnisvollen Zeichen, die dem Menschen verborgen sind.

Eine solche Wildstraße, Jahrtausende alt, führt durch den Silberwald. Darum steht dort seit Menschengedenken eine Wildfütterung. Und diese beiden, der Wald und die Fütterung, sind das Herz des Wildlebens in diesem Hochtal. Alles, was aus dem Norden nach Süden will und umgekehrt, muß durch den Silberwald, es wäre denn, es machte einen weiten und gefährlichen Umweg durch fremdes Gebirge. Der Silberwald hütet den Zwangswechsel, und wie in einen Trichter laufen von beiden Seiten die Pfade zusammen und vereinigen sich zur großen Straße. Denn oberhalb liegen die Lawinenhänge, die sechs Monate im Jahr unpassierbar sind, und unterhalb verwehrt die Schlucht jeden Übergang.

Es müßte doch nicht unbedingt hin- und herziehen, das Wild, meint ihr? Doch! Wenn es schneit, so liegt der Schnee auf der Schattseite höher als auf der Sonnseite. Denn auf der Sonnseite ist der Boden wärmer. Er tut dem Schnee Abbruch von unten her. Und die Sonne scheint darauf und läßt ihn zusammenfallen. Auf der Sonnseite kann das Wild sich leichter bewegen und die Äsung aus dem Schnee graben. Wäre ihm der Weg versperrt von der Schatt- auf die Sonnseite, es würde im Schnee versinken und elend zugrundegehen.

Und soweit ist es nun, denn seit heute morgen knirschen die Sägen und hauen die Hacken im Silberwald. Das ist noch nie dagewesen!

Da ist guter Rat teuer! Was tun, Hofrat?

»Tja – wahrscheinlich braucht die Gemeinde das Geld ...«

»Wenn schon die Bauern das nicht verstehen«, meint der Gerold, »aber der Förster, der Erblehner, der müßte ihnen doch sagen, was auf dem Spiele steht für das ganze Dorf!«

»Der Erblehner ist ein Angestellter der Gemeinde, der macht das, was man ihm anschafft. Soll er sich's mit seinen Brotgebern verderben?«

»Und schließlich müßte man ja auch uns fragen! Wir sind doch die Jagdpächter und zahlen der Gemeinde genug Geld dafür! Muß es denn ausgerechnet der Silberwald sein? Die Gemeinde hat anderswo schlagbares Holz genug ... Herr Hofrat! Sie müssen das verhindern!«

Ja, gewiß, du wirst das verhindern müssen, alter Herr, das heißt, wenn du kannst ... Aber wenn auch nicht, versuchen mußt du es auf jeden Fall, da hat er recht, der Gerold. Er ist ein braver Kerl, der Gerold.

Der Hofrat klopft ihm auf die Schulter. Es ist Ausdruck einer Zuneigung.

»Ich wußte gar nicht, daß Sie sich so ereifern können!«

Und man muß etwas unternehmen! Es ist keine Zeit zu verlieren. In jeder Minute fällt dort oben ein Baum ...

»Paulin!« ruft der Hofrat, »wir werden später essen!«

Dann geht er. Und dem Gerold ist ein Stein vom Herzen, vorläufig...

Der Bürgermeister ist noch in der Kanzlei, das trifft sich gut. Er ist ein umgänglicher Mann, der Bürgermeister Oberkogler, Bauer und Wirt zugleich, und ein aufgeschlossener, vernünftiger Mann, mit dem man reden kann! Der Fall ist also nicht ganz hoffnungslos. –

Da sitzt er nun, der Hofrat, und er entwickelt eine Beredsamkeit, die ihm nur selten gegeben ist, und der Bürgermeister Oberkogler hört ihm aufmerksam zu, das sieht man.

Das Denken der meisten Menschen sei völlig verdorben und verdreht, beginnt der Hofrat. Wer vom Wald spreche, der denke nur noch an Stammholz und Papierholz und Grubenholz, statt an die Gesundheit und die Harmonie der Landschaft, an das Klima, den Wasserausgleich, an die Erhaltung des Bodens, ohne den ja die Menschheit nicht existieren könne. Wenn der Mensch den Wald nur als Nutzobjekt, wenn er die Natur lediglich aus dem Blickwinkel seines Geldbeutels betrachte, so untergrabe er damit die Grundlagen seines eigenen Daseins.

»Wir glauben, daß wir mit der Natur machen können, was wir wollen. Aber das ist ein verhängnisvoller Irrtum, Oberkogler! Die Natur ist zuletzt immer stärker als der Mensch, und sie schlägt zurück, ja sie hat schon zurückgeschlagen. Wissen Sie denn, wieviele Wüsten und Steppen und verkarstete Gebirge es auf der Welt gibt, die allein der Mensch der Vorzeit auf dem Gewissen hat?«

»A so? Ja aber – wieso weiß man denn dös?«

»Weil man mitten darin Ruinen von Riesenstädten gefunden hat, wo Hunderttausende von Menschen gelebt haben. Glauben Sie, daß man solche Städte in die Sand- und Steinwüsten hineingebaut hat?«

»Naa, gwiß net, sonst hätten die Leut ja net leben können!«

»Natürlich! Auch dort sind einmal Wälder und Felder gewesen... Der Vorgang ist immer der gleiche, und er wiederholt sich jetzt genau so wie vor Jahrtausenden: Solange die Äcker im Schutz der Wälder stehen, bleiben sie fruchtbar, die Völker sind reich und glücklich, und die Kulturen blühen. Dann aber setzt die Gier nach dem Holz ein. Man braucht Holz, Holz, immer wieder Holz für den Städtebau, für die stolzen Flotten, für allerlei Luxus oder einfach zum Verbrennen, jedenfalls aber für das große Geschäft... Wenn die Wälder verschwunden sind, versiegt das Wasser. Die Äcker verdursten, und der Wind pfeift über das kahle Land, nimmt den dürren Boden mit sich und trägt ihn ins Meer... Nordamerika hat auf diese Weise in hundert Jahren zwei Fünftel seines Ackerbodens verloren...«

»Oh, verdammt!«

»Sie als Bauer werden verstehen, was das bedeutet! Und jeden Tag geht dort eine Farm von zweihundert Hektar

Größe verloren ... Immer und überall in der Geschichte ist es so gewesen: Mit der Vernichtung der Wälder und mit der Zerstörung des Ackerbodens sind große und mächtige Völker zugrundegegangen.«

Der Oberkogler ist sichtlich beeindruckt. Er wiegt nachdenklich das Haupt. »Schon, schon, Herr Hofrat«, sagt er dann, »das mag in der Ebene möglich sein. Aber bei uns im Gebirg, da kann der Wind net so an ...«

»Der Wind nicht, aber das Wasser! Bedenken Sie doch, daß alle unsere Bergwälder auf dem Abhang stehen! Und haben Sie die braunen Wildbäche noch nicht gesehen, die von den Höhen herunterbrausen, wenn es regnet?«

Ja, ja, nickt der Oberkogler.

»Glauben Sie mir: Solange es Wälder gibt, wird es eine menschliche Kultur geben. Wenn wir die Wälder einmal vernichtet haben, stirbt auch die Menschheit.«

»Das mag alles richtig sein, Herr Hofrat. Aber ausgerechnet wir in unserm einsamen Bergdorf sollen damit anfangen?«

»Einer muß einmal damit anfangen, Oberkogler, gleichgültig wo. Einer, der klug genug ist dazu!«

Das hat er gut gesagt, der Hofrat, denkt der Oberkogler.

Das ist ein schlauer Fuchs, dieser Hofrat! Fragt sich nur, was klug ist in diesem Fall: den Wald zu schlagen und dafür viel gutes Geld einzustreichen, oder ihn stehen zu lassen und auf die Einnahme zu verzichten ...

Der Jäger Abschied
Joseph von Eichendorff

Wer hat dich, du schöner Wald,
Aufgebaut so hoch da droben?
Wohl den Meister will ich loben,
Solang noch mein Stimm erschallt.
Lebe wohl,
Lebe wohl, du schöner Wald!

Tief die Welt verworren schallt,
Oben einsam Rehe grasen,
Und wir ziehen fort und blasen,
Daß es tausendfach verhallt:
Lebe wohl,
Lebe wohl, du schöner Wald!

Banner, der so kühle wallt!
Unter deinen grünen Wogen
Hast du treu uns auferzogen,
Frommer Sagen Aufenthalt!
Lebe wohl,
Lebe wohl, du schöner Wald!

Was wir still gelobt im Wald,
Wollens draußen ehrlich halten,
Ewig bleiben treu die Alten:

Deutsch Panier, das rauschend wallt,
Lebe wohl,
Schirm dich Gott, du schöner Wald!

Der Jäger in dem grünen Wald
Volksweise

Der Jäger in dem grünen Wald
Wollt suchen seinen Aufenthalt;
Er ging den Wald wohl hin und her,
Ob da auch nichts anzutreffen wär.

Es ruft mir eine Stimme zu:
›Wo bist du, grüner Jäger du?‹
Wie kommst du in den Wald hinein,
Du strahlenaugig Mägdelein?

›Dich aufzuspüren bin ich hier
In diesem grünen Laubrevier.
Ich ging im Wald wohl hin und her,
Ob auch kein Jäger drinnen wär.‹

Ich küßte sie ganz herziglich
Und sprach: Fürwahr du bist für mich,
Bleib du bei mir als Jägerin,
Du strahlenaugig Mägdelein!

2. Waidmanns Heil

Auf, auf, zum fröhlichen Jagen,
frisch auf, ins freie Feld.
Es fängt schon an zu tagen,
das Waidwerk mir gefällt.

Volksweise

Auf, auf zum fröhlichen Jagen
Volksweise

Auf, auf zum fröhlichen Jagen,
frisch auf, ins freie Feld.
Es fängt schon an zu tagen,
das Waidwerk mir gefällt.
Die Vögel in den Wäldern
sind schon vom Schlaf erwacht,
und haben auf den Feldern
das Morgenlied vollbracht.

Das edle Jägerleben
vergnüget meine Brust;
den kühnen Fang zu geben,
ist meine größte Lust.
Wo Reh' und Hirsche springen,
wo Rohr und Büchse knallt,
wo Jägerhörner klingen,
da ist mein Aufenthalt.

Die Lockjagd
Hermann Löns

Ein frisch überzogenes Bett ist etwas Schönes; aber eine frisch überzogene Landschaft ist auch nicht schlecht. So schön ist es heute draußen bei dem Neuschnee, daß ich laut flöten muß, und am liebsten sänge ich sogar das althannöversche Schützenlied laut durch den weißen Wald: »Auf und an spannt den Hahn, lustig ist der Jägersmann!« Aber die Bauern, die beim Holzabfahren sind, würden mich auslachen. *Frisia non cantat,* und in ganz Niedersachsen singen die Männer nicht, höchstens wenn sie einen sitzen haben. Sie flöten nur, wenn ihnen vergnügt zu Mute ist...

Ein Pürschjäger, der flötet: »O meine Brüder, laßt uns mit den Köpfen schütteln!« Dieses schöne Wort von Wilhelm Busch, das irgendwo in »Eduards Traum« oder im »Schmetterling« steht, fällt dem ernsthaften Weidmanne ein. Ein Jäger flötet doch nicht draußen! Ja, sehen Sie, das ist wieder so ein neumodischer Aberglaube und Irrwahn. Ich flöte sehr oft beim Pürschen. Ich habe mehr als einen guten Bock nur deshalb so schnell bekommen, weil ich in schlohweißen Hemdsärmeln und laut flötend fürbaß ging, als wäre ich ein Bergbummler oder sonst etwas Harmloses, und richtig fiel der Bock darauf hinein. Was soll man auch machen, wenn vor Dürre jedes Stück Geknick unter den Sohlen kracht? Da hilft kein Pürschen, da muß gepfiffen sein. Und heute ist es so schön, daß ich der Herzensfreude auf irgendeine Weise Luft machen muß; also: »Ja, ich sag's und bleib dabei, lustig ist die Jägerei; darum frei Jägerei stets gepriesen sei!« ...

Denn auf das Wie kommt es bei der Jagd immer am meisten an, nicht auf das Was. Und deshalb ist die Lockjagd so wunderschön, ist, vorzüglich, wenn sie mit der Pürsch aus freier Hand verbunden ist, des Weidwerkes Krone, mag sie dem Brunfthirsch gelten oder dem brünftigen Bocke, dem Fuchse oder der Krähe. Ein Ringeltäuber, auf den Ruf geschossen und hinterher gut gedämpft, das ist eine Herrenmahlzeit, und dreimal so gut schmeckt der herangereizte Birkhahn, als der, der aus dem Schirm geschossen oder auf der Suche heruntergeholt wurde.

Wer das alles nicht kennt, wer noch niemals die Lockjagd auf den Haselhahn ausübte, den Erpel nicht herbeiquarrte, sich den Marder nicht vor das Gewehr mäuselte, noch nie ein ganzes beflogenes Sperber- oder Habichtsgehecke Stück um Stück auf den Lockruf herunterlangte, der kennt das Allerschönste nicht, was es im Wald und auf der Heide für den Mann im grünen Rocke gibt.

Erst dann ist man Jäger, wenn man alles das, so da kreucht und fleugt, an der Strippe hat; dann erst ist der Jäger Herr der Natur. Und das Handwerkszeug dazu muß er nicht in der Tasche tragen; Faust und Fingerspitze, Lippe und Mundwinkel müssen ihm genügen, und im Notfalle ein zurechtgeschnittenes Buchenblatt, ein Stück

Birkenrinde oder ein angekerbter Roggenhalm. Man kann ja beinahe jeden Wildruf fertig kaufen, die Muschel für den Hirsch, Blatten aller Arten, sogar pneumatische Selbstblatter, deutsches Reichspatent, die nie versagen, selbst beim blutigsten Anfänger nicht, Enten-, Tauben- und Rebhuhnlocker, Vogelangstgeschrei, Mäuselmaschine und Hasenklage, denn wir leben ja im Zeitalter der Technik und da das transportable Schmalreh schon erfunden ist, so fehlt nur noch künstliche Brunftrickenwitterung und eine Maschine, die das Poltern des treibenden Bockes nachmacht, und dann ist das Geschäft richtig. Weidwerk kann man diese Art von Jagdbetrieb aber nicht nennen; jagdliche Patentfatzkerei ist es.

Ganz etwas anderes ist es, wenn der Jäger außer der Waffe, Kraut und Lot nichts bei sich hat und doch sagen kann: *»Omnia mea mecum portans!« (All das Meine mit mir tragend.)* Zärtlich küßt er seine Daumenspitze und siehe da, die Junghasenklage klingt so lieblich durch den Maienwald, daß die Krähe schleunigst angestrichen kommt und im Knall durch das junge Buchenlaub schlägt. Hinterher gelüstet es ihn, einen Holztäuber zu schießen. Je nachdem er sich darauf versteht, holt er den Taubenruf aus den verschränkten Händen heraus oder flötet ihn aus gehöhltem Munde hervor, und sofort steht ihm der Täuber zu. Er hört den Pfingstvogel rufen und flötet ihn sich zum Spaße so nahe heran, daß er ihm in die Karfunkelaugen sehen kann, und königlich amüsiert er sich über den

Kuckuck, den er herbeilockte und der nun vor ihm sitzt, sich vor Wut heiser ruft und aus Eifersucht sich ganz albern anstellt.

Ein Jäger, der das kann, langweilt sich nie. Geht er am dunkeln Abend heim, so kann er sich den Weg damit verkürzen, daß er sich mit dem Waldkauze oder der Ohreule unterhält. Langweilt er sich bei der Birkhahnbalz, so flötet er sich den Brachvogel heran und freut sich über dessen stolzen Flug, und wollen die Hähne nicht zustehen, er bläst und kullert so lange, bis einer darauf hineinfällt und geht es nicht anders, so gackert er zärtlich, wie eine verliebte Henne, und das hilft dann sicher. Er steht auf Enteneinfall, aber alle Enten streichen vorüber. Da setzt er die hohle Faust an den rechten Mundwinkel. »Brät, brät, brät«, schallt es in den Abend hinein, und bald darauf klingelt es über ihm und zwei Schatten kreisen über der klucksenden Flut; einen davon holt er herunter. Oder er pürscht im Vorwinter hinter der Holzkante im alten Dohnenstiege entlang und sieht im Felde den Fuchs mausen. Es fällt ihm nicht ein, mit der Hasenklage zu arbeiten, denn wenn der Fuchs im Felde maust, springt er auf das Quäken kaum. Aber dem Mausepfiff widersteht er nicht, und so macht der Jäger einen kleinen Mund und zirpt zweimal leise. Hilft das noch nicht, so tut er so, als wolle er dem Rotbalg ein Kußhändchen zuwerfen, legt die Spitzen von Zeige- und Mittelfinger an die Lippen; schrill klingt der Vogelangstruf und der Fuchs denkt: »Da hat sich was in den Dohnen gefangen«, kommt angeschlichen und muß daran glauben.

Die Jagd auf den Brunfthirsch ist nur wenigen Glücklichen gestattet, die in der Wahl ihrer Ahnen sehr umsichtig waren oder zum Geschlechte derer von und zu Braunlap-

pen gehören, und selbst von denen wissen nur die wenigsten den schreienden Hirsch auf den Ruf zu erlegen. Auch das ist eine Kunst, die so langsam ausstirbt. Den alten Wildmeister Fritz Bühmann, der nun in Walhalla jagt, mußte man erzählen hören, wie man das machte. »Tja«, sagte er und entwickelte vulkanmäßige Ausdünstungen vermittelst seiner Zigarre, »tja, da sollte ich einen Brunfthirsch schießen, aber der Ekel trat nicht für einen Doppeltaler aus der Dickung. I, denke ich, und folgst du nicht willig, so brauch ich Gewalt. Ich schreie ihn also auf Deubel komm' raus an und ziehe ihm durch die geschlossene Dickung entgegen, daß es nur so knastert, und ab und zu schreie ich wieder und haue mit der Faust in die Fuhren, daß die alten Telgen wie Glas brechen. Und darauf fiel der Döllmer wahrhaftig rein. Er zog mir schreiend und schlagend entgegen und ich schoß ihn auf zwanzig Gänge mitten auf den Stich. Wäre ich nicht beiseite gesprungen, so wäre er mir in der letzten Flucht geradewegs auf den Kopp gestürzt!«

Ja, die Jäger aus der alten Schule, die verstanden die Kunst. Jeder Lage waren sie gewachsen und handelten nicht nach Schema F. Heute fällt es einem Mann, nachdem er sich in fünfundzwanzig Jahren ein Vermögen gemacht hat, ein, daß es Zeit sei, ein bißchen den Kavalier zu spielen, und so wird Jäger geworden. Das Blatten läßt er sich in fünf Minuten vom Waffenhändler beibringen, wenn er sich Blatten von allen Systemen kauft, und dann schiebt er los. Er blattet morgens, mittags und abends, aber kein Schwanz springt. Fuchsteufelsfuchtig erklärt er die ganze Blattjagd für einen Ober- und Generalschwindel und sitzt brav und bieder seine Böcke von der Leiter aus zu Tode. Freilich, der gute Mann hat den Bock doch für dümmer gehalten, als er ist. Der Bock hat das Gezirpe wohl vernommen, aber erstens gibt es in der Jagd genug junge Damen, und zweitens blattet der Jäger mit Altrehton, und so dumm ist der Bock denn doch nicht, daß er alten Weibern nachrennt, wenn es junge gibt. Außerdem weiß er, daß die alten Scheunen erst viel später im Jahre an zu brennen fangen, und darum kümmert er sich um die abnorme alte Schachtel weiter nicht, denn er ist für das Normale. Oder aber, wenn der Jäger gegen Ende der Brunft auf den Gedanken kommt, es einmal im hellsten Backfischdiskant zu versuchen, dann denkt der Bock wieder: »Ja, Mädchen, du hättest dich eher melden sollen, denn jetzt muß ich mich den älteren Damen widmen. Alles zu seiner Zeit.«

Ach ja, es ist nicht so einfach, das Blatten, und wenn man auch alle Taschen voll von Uhlenhut, Buttolo, Andrä und anderen Patentinstrumenten hat. Es kommt ja vor, daß der Bock auf das dilettantischste Getöne hineinsaust, denn wenn er springen will, springt er schließlich auch auf ein Feuerlöschhorn. Aber wenn er nicht will, und meist will er nicht, dann hat die Sache ihre Kanten und Zacken, und dann muß man schon seine drei bis vier Sinne zusammennehmen. So ein Untertertianer von Spießbock, der rennt einem wohl von vorne mitten auf den Balg; was aber ein ausgewachsener Bock mit allerlei Erfahrungen ist, der holt sich erst eine Mütze voll Wind, kommt ganz leise von hinten angeschlichen, grient schmutzig vor sich hin und stiehlt sich ebenso leise wieder ab, selbst wenn der Jäger mit dem Geschreiblatter arbeitet. Wer damit umzugehen versteht, dem ist selbst ein Obergeheimrat von Hauptbock verfallen, vorausgesetzt, daß der Jäger ebenso schlau wie der Bock ist und sich von diesem nicht unter dem Winde anschleichen läßt, weswegen ein kluger Jäger dort, wo kein Kunst- und Naturhochstand ist, nicht dort stehen bleibt, wo er geblattet hat, sondern sich schleunigst, aber lautlos und in Deckung soweit zurückbegibt, daß der unter dem Winde heranziehende Bock über ihm kommen muß.

Ja, sie hat ihre Kniffe, die Lockjagd. Wenn die Brunft sich ihrem Ende naht, der Bock schon halb abgebrunftet ist und nur mehr noch aus Höflichkeit bei der Ricke steht, dann macht er sich aus dem schönsten Fiepen nichts mehr und reagiert auch auf den Plärrblatter sauer. Der gerissene Lockjäger legt ihn dann aber dennoch hinein. Er macht Kitzangstruf, dann stürmt die Ricke totsicher heran und reißt den Bock mit sich. Es genügt nicht, daß man sich von jemand vormachen läßt, wie das Angstgeschrei klingt; wer es nicht oft hörte, und von Kitz, Schmalreh, Altricke und Bock hörte, hier als lang ausgedehnten Fiepton, da als durchdringendes Quietschen und dort als gellendes Plärren, der holt sich wohl mit dem teuren Instrument mal einen Bock heran, aber verlassen kann er sich nicht darauf. Ich habe es von einem alten Jagdaufseher, der auf einem Stück Holz, das er spaltete, ausschabte und mit einer Zunge versah, gelernt, wie man mit dem Geschreiblatter jagt. Wir stellten uns barfuß zwischen zwei Dickungen. Der Alte blattete, daß es schallte, lief dann in Hopssprüngen nach Rehart, unter Wind nach der Holzkante, ab und zu in Deckung stehen bleibend, blattend und dabei wie wild den Boden stampfend, bis wir am Felde waren. Nach zehn Minuten zog der Bock in halber Deckung an uns vorbei und bekam die Kugel von mir. »Wissen Sie«, sagte der Alte, »so dumm ist der alte Bock auch nicht, daß er nicht merkt, daß etwas nicht richtig ist, wenn man auf einer und derselbigen Stelle mit dem Geschrei blattet und dabei nicht Lärm macht, als wenn der Bock die Schmalricke treibt. Daran denken aber die Wenigsten und darum kriegen sie die besten Böcke nicht.«

Aber woher soll das der Mann wissen, der sich heute eine Jagd pachtet und morgen blatten geht? Der in dem Kurszettel oder auf dem Montanmarkt oder mit den Holzpreisen besser Bescheid weiß, als in der Natur? Und wer bringt es ihm bei? Der echte, gerechte Lockjäger schon gar nicht, denn der denkt: »Erstens begreift er es doch nicht und zweitens fällt mir das gar nicht ein«, und er amüsiert sich königlich, wenn der Mann mit dem tragbaren Hochsitz, dem künstlichen Schmalreh und zwei bis siebenzehn Blatten hinauszieht und schließlich einen elendiglichen Spießbock erschlägt. Er denkt noch nicht einmal daran, ihm beizubringen, wie man mit Verstand, die Hasenquäke gebraucht und freut sich diebisch, wenn der andere ihm erzählt: »Ich quäke doch ganz richtig, aber immer kommen bloß Krähen!« Ja, erstens hat der Biedermann statt der Hasenklage das Krähenhülfsgeschrei gemacht, zweitens hat er viel zu früh den Stand verlassen und drittens ist ihm der Fuchs vielleicht doch gekommen, denn er frißt auch Krähen ganz gern und kommt oft sofort auf das Quäken, aber wenn es irgend geht, unter dem Winde und meist so leise, daß er schon wieder heidi ist, ehe der Jäger noch weiß, was das war, das da hinter ihm so leise krispelte, als hätte da ein Mäuslein gehüpft.

Von Jugend auf muß man die Kunst geübt haben, will man ein guter Lockjäger werden, und alles Getier muß man heranzuziehen verstehen, dann erst wird man Fuchs und Bock am Bande haben. Verzweifelt schiebt der Durchschnittjäger ab, streicht das beschossene Volk Hühner über die Grenze oder fällt es zu Busche; der alte Lockjäger ruht sich ein Stündchen aus und dann legt er den Handteller an den Mund und lockt Stück um Stück über die Grenze zurück oder aus dem Holze heraus. Auf dem Schnepfenstriche macht er kein ellenlanges Gesicht, morkt allzuweit ein Schnepf an ihm vorbei; er hat die Locke zwischen den Lippen und pfuizt darauf so zärtlich, wie eine arg verliebte Sieke. Und um wie die Artisten sagen, die Arbeit nicht aus den Knochen zu verlieren, übt er sich an allem, was da fleugt und kreucht. Er holt den Bussard mit dem Mausepfiff und das Wieselchen mit dem Vogelangstruf heran, nicht um sie zu schießen, sondern rein zum Vergnügen; er macht den Drosselwarnruf oder läßt das Rotkehlchen mahnen, will er wissen, ob das eine Ricke oder ein Bock ist, was sich da vor ihm im hohen Grase äst, er versucht es auch einmal mit dem Quäken am Dachs oder mit dem Kitzangstgeschrei an Sauen.

Je mehr Tierstimmen er beherrscht, um so mehr Herrscher ist der Jäger über die Natur. Erscheint es auch wertlos, daß er das Gequarre der Frösche nachmacht und einen ganzen Teich zum Schallen bringt, es kann unter Umständen doch von Nutzen bei Pürsch und Anstand sein, denn wenn vor dem anschleichenden Jäger die Grünröcke verstummen, so fällt das dem Bocke sofort auf, prahlen die Großmäuler aber wieder los, dann denkt der Bock: »Es war doch wohl nichts.«

Außerdem, so manchen hübschen Spaß, so viele angenehme Stunden kann man sich verschaffen, versteht man sich gut auf die Lockjagd.

Im Wald und auf der Heide
Volksweise

Im Wald und auf der Heide,
da such ich meine Freude
als froher Jägersmann.
Den Wald und Forst zu hegen,
das Wildbret zu erlegen,
das ist, was mir gefällt.
Halli, hallo, halli, hallo,
das ist, was mir gefällt.

Das Huhn im schnellen Fluge,
die Schnepf' im Zickzackzuge
treff ich mit Sicherheit.
Die Sauen, Reh und Hirsche
erleg' ich auf der Pirsche,
der Fuchs läßt mir sein Kleid.
Halli, hallo, halli, hallo,
der Fuchs läßt mir sein Kleid.

Trag' ich in meiner Tasche,
ein Trünklein in der Flasche,
zwei Bissen liebes Brot.
Brennt lustig meine Pfeife,
wenn ich den Wald durchstreife,
dann hat es keine Not.

Halli, hallo, halli, hallo,
dann hat es keine Not.

Und streich' ich durch die Wälder,
und zieh' ich durch die Felder
einsam den ganzen Tag;
doch schwinden mir die Stunden
gleich flüchtigen Sekunden
tracht' ich dem Wilde nach.
Halli, hallo, halli, hallo,
tracht' ich dem Wilde nach.

Wenn sich die Sonne neiget,
der feuchte Nebel steiget,
mein Tagwerk ist getan,
dann zieh' ich von der Heide
zur häuslich stillen Freude,
ein froher Jägersmann!
Halli, hallo, halli, hallo,
ein froher Jägersmann!

Meditationen über die Jagd
José Ortega y Gasset

Der Mensch verfügt, um jenem überlegenen Instinkt des Tieres, sich unsichtbar zu machen, entgegenzuwirken, über keinen entsprechenden Instinkt. Wenn er ihn in seiner vormenschlichen Epoche besaß, so hat er ihn mit den übrigen verloren, oder er bewahrt von ihm höchstens noch Rudimente. Die Vernunft ihrerseits, die den Hohlraum ausfüllte, den die schwindenden Instinkte zurückließen, scheitert bei der Bemühung, das argwöhnische Wild aufzubringen. Jahrtausendelang versuchte der Mensch diese Schwierigkeit durch Magie zu lösen, aber eine Lösung war das nicht. Eines Tages jedoch hatte er eine geniale Eingebung; um das übervorsichtige Tier aufzuspüren, nahm er zu dem Spürinstinkt eines anderen Tieres seine Zuflucht und nahm dessen Hilfe in Anspruch. Damit tritt der Hund in die Jagd ein, und das ist der einzige denkbare, wirkliche »Fortschritt« bei der Jagd; er besteht nicht in der direkten Betätigung der Vernunft, sondern vielmehr darin, daß der Mensch ihre Unzulänglichkeit anerkennt und zwischen seine Vernunft und das Tier ein anderes Tier einschaltet.

Das wäre unmöglich gewesen, wenn der Hund nicht von sich aus jagte. Der Mensch hat nichts anderes getan, als daß er den instinktiven Jagdstil des Hundes verbesserte und der Zweckmäßigkeit einer Zusammenarbeit anpaßte.

Angesichts dieser Tatsache, die im Mittelpunkt der Jagdtätigkeit des Menschen steht, hätte es niemand einfallen dürfen, diese Tätigkeit vollkommen von der Jagd im allgemeinen, wie sie so viele Tiere ausüben, zu trennen und der Vernunft dabei eine übergroße Rolle zuzuschreiben, als ob sie aus dieser menschlichen Beschäftigung etwas vollkommen Neues gemacht hätte. Da ist der Hund, der von jeher und aus eigenem Antrieb ein begeisterter Jäger war. Infolgedessen bezieht der Mensch in sein Jagen das Jagen des Hundes ein und führt so die Jagd zur höchsten Vervollkommnung, zur vollendeten Form: entsprechend dem, was in der Musik die Entdeckung der Polyphonie war. Und in der Tat, wenn zu den Treibern und Schützen noch die Hunde dazukommen, so gewinnt das Jagen ich weiß nicht welche symphonische Majestät.

Noch regt sich nichts auf dem Feld. Auf den Jägern lasten noch die Ketten des Schlafs. Die Treiber ziehen lässig dahin, stumm und fast mißmutig. Man könnte meinen, es habe noch niemand Lust zu jagen. Alles ist noch statisch. Die Szenerie ist noch rein vegetativ und infolgedessen paralysiert. Höchstens die Spitzen von Ginster, Heidekraut und Thymian erzittern ein wenig, wenn sie der Morgenwind durchkämmt. Da sind noch einige andere Bewegungen von kinematischem Aspekt, ohne jede Dynamik, die irgendwelche Kräfte am Werk zeigte. Schweifende Vögel rudern langsam zu irgendeinem Ziel. Schneller gleiten musizierende Insekten am Ohr vorbei und streichen ihre Weise auf mikroskopischen Violinen. Der Jäger ist noch in sich gekehrt. Man redet zu dieser Stunde doch nur dummes Zeug, das ihn dazu einlädt, sich noch mehr in sich zu verschließen. Er tut nichts. Er will nichts tun. Das plötzliche Aufgehen in der Landschaft hat ihn schwerfällig gemacht und wie ausgelöscht. Er fühlt sich als Planze, als botanisches Wesen, und gibt sich dem hin, was beim Tier fast vegetativ ist: dem Atmen. Aber da, da kommt die Meute ..., und schon ist der ganze Horizont von einer seltsamen Elektrizität geladen, er wird beweglich, er dehnt sich elastisch aus. Plötzlich strömt das orgiastische, dionysische Element herein, das auf dem Grunde eines jeden Jagens flutet und kocht. Dionysos ist der jagende Gott: »ein kluger Jäger« – kynegetas sophós – nennt ihn Euripides in den Bacchantinnen. »Ja, ja«, ant wortet der Chor, »der Gott ist Jäger.« Und das All erzittert. Und die Dinge, die zuvor träge und schlaff waren, haben Leben bekommen und regen sich, sie melden, sie künden an. Da ist sie schon, da ist sie schon, die Meute: dicker Geifer, Keuchen, das Korallenrot der Lefzen und die Bogen der unruhigen Ruten, die die Landschaft peitschen! Schwierig, sie zu bändigen. Sie können sich nicht mehr halten vor Jagdlust, sie schäumt ihnen aus Auge, Schnauze und Fell. Schatten von flüchtigem Wild ziehen vor der Phantasie der rassigen Hunde vorüber, die in ihrem Innern schon in wildem Lauf sind.

Wieder kommt eine lange Pause, da alles still und unbeweglich ist. Aber jetzt ist die Ruhe voll verhaltener Bewegung, wie die Scheide, in der der Degen steckt. Von fern her hört man die ersten Rufe der Treiber. Vor dem Jäger ist alles unverändert, und trotzdem ist es ihm, als sähe er, nein, fühle er einen Hauch von verborgener Glut in der ganzen Landschaft: kurze Bewegungen von Strauch zu Strauch, unsicheres Fliehen, und die ganze aufgeschreckte Kleintierwelt des Waldes, das Ohr stutzt, lauscht. Unwillkürlich strömt dem Jäger die Seele über und spannt sich über sein Schußfeld wie ein Netz, das da und dort von den Krallen der Aufmerksamkeit gespannt wird. Denn schon ist alles gespannte Gegenwart, und in jedem Augenblick kann jedes strauchartige Gebilde sich wie durch Zauber in leibhaftiges Wild verwandeln, und dann muß der Jäger bereit sein.

Da plötzlich bricht Hundegebell das herrschende Schweigen. Dieses Gebell ist nicht nur ein tönender Punkt, der von einem Punkt des Gehölzes aufsteigt und dort bleibt, er scheint sich vielmehr schnell in eine Linie von Gebell zu verlängern. Wir hören und sehen fast das Gebell forteilen und einem Meteor gleich durch den Raum schweifen. In einem Augenblick erscheint auf der Platte der Landschaft der Strich des Gebells. Darauf folgen viele Stimmen, die in derselben Richtung vorrücken. Man ahnt das Wild, das aufgescheucht in rasenden Fluchten wie Wind im Wind vorüberfegt. Das ganze Feld polarisiert sich, es scheint magnetisiert. Die Angst des verfolgten Wildes ist wie ein leerer Raum, in den alles hineinstürzt, was um ihn herum ist. Treiber, Hunde, Kleinwild, alles drängt dorthin, und selbst die Vögel fliegen vor Schrecken hastig in dieser Richtung. Die Angst, die das Wild fliehen macht, saugt die ganze Landschaft auf, saugt sie aus und zieht sie hinter sich her, und selbst dem Jäger, der äußerlich ruhig ist, klopft das Herz schneller und stärker in der Brust. Die Angst des Wildes ... Aber ist es so sicher, daß das Wild Angst hat? Zum mindesten hat seine Angst nichts mit dem zu tun, was die Angst beim Menschen ist. Beim Tier ist die Angst etwas Dauerndes, sie ist seine Art zu existieren, sein Lebensinhalt. Es handelt sich also um eine Art Berufsangst, und wenn etwas Beruf wird, ist es schon etwas anderes. Während das Entsetzen den Menschen an Geist und Körper lähmt, bringt es die Fähigkeiten des Tieres zur höchsten Entfaltung. Das tierische Leben gipfelt in der Angst. Zielsicher weicht der Hirsch dem Hindernis aus; mit millimetrischer Genauigkeit fädelt er sich schnell durch die Lücke zwischen zwei Stämmen. In herrlichen Fluchten, den Hals nach rückwärts gebeugt, läßt er das königliche Geweih, das seiner Akrobatik zum Ausgleich dient wie die Stange dem Seiltänzer, auf seinem Körper wuchten. Mit der Schnelligkeit eines Meteors gewinnt er Raum. Seine Hufe berühren kaum die Erde, vielmehr begnügt er sich damit, wie Nietzsche vom Tänzer sagt, sie mit der Zehenspitze zu prüfen, um sie zu beseitigen, um sie hinter sich zu lassen. Plötzlich über dem Rande eines Gestrüpps erscheint der Hirsch dem Jäger; er sieht ihn den Himmel mit der Anmut eines Sternbilds durchschneiden und, von der Spannkraft seiner feinen Läufe vorwärtsgeschnellt, dahinfliegen. Der Sprung des Rehbockes oder des Hirsches – und noch mehr der gewisser Antilopen – gehört zum Schönsten, was die Natur bietet. Von neuem berührt er den Boden in der Ferne und beschleunigt seine Flucht, weil ihm schon die Hunde keuchend in den Kniekehlen sitzen – die Hunde, die all diesen Taumel hervorgebracht haben, die ihre geniale Wildheit auf den Wald übertragen haben und jetzt dem Wild wie besessen, die Zunge weit heraushängend, die Körper in ihrer ganzen Länge gespannt, nachjagen.

Der Jäger aus Kurpfalz
Volksweise

Ein Jäger aus Kurpfalz,
Der reitet durch den grünen Wald,
Er schießt das Wild daher,
Gleich wie es ihm gefallt.
Ju-ja, juja!
Gar lustig ist die Jägerei
Allhier auf grüner Heid'.

Auf, sattelt mir mein Pferd
Und legt darauf den Mantelsack!
So reit ich weit umher
Als Jäger von Kurpfalz.
Ju-ja, juja!

Jetzt reit ich nicht mehr heim,
Bis daß der Kuckuck Kuckuck schreit.
Er schreit die ganze Nacht
Allhier auf grüner Heid.
Ju-ja, juja!

3. Von Fehl- und Freischüssen

Durch die Wälder, durch die Auen
Zog ich leichten Muts dahin;
Alles, was ich konnt' erschauen,
War des sichern Rohrs Gewinn.

Arie des Max aus »Der Freischütz«

Der Freischütz
Friedrich Kind

Spätestens seit der Uraufführung von Carl Maria von Webers Oper »Der Freischütz« (1821), die bis heute zu den weltweit populärsten musikalischen Bühnenwerken zählt, ist die alte böhmische Volkssage vom »Freischuß«, der niemals fehlt, allgemeines Bildungsgut geworden. Zu Beginn der Oper (Libretto von Friedrich Kind) will dem Jäger Max, der lange Zeit als bester Schütze im Umkreis galt, kein Treffer mehr gelingen. Sein Gegenspieler, der Bösewicht Kaspar, ist mit finsteren Mächten im Bunde, die jenen, die sich mit ihnen einlassen, geheimnisvolle Schießkünste verleihen können. Im ersten Auftritt des 1. Aktes wird Max auf einem Schützenfest ordentlich vorgeführt: sogar der Bauer Kilian schießt besser als der erfahrene Jäger…

Platz vor einer Waldschenke, dem sogenannten Schenkgiebel. Im Hintergrunde eine Vogelstange, vom Volksgetümmel umgeben. Böhmische Bergmusik.

MAX *(sitzt allein im Vordergrunde an einem Tisch, vor sich den Krug. Bald nach dem Aufgehen des Vorhangs fällt von Kilians Büchse ein Schuß, und das letzte Stück einer Sternscheibe fliegt herunter).*

KILIAN *(jauchzt auf).*

DAS VOLK *(ruft):* Ah, ah! Brav! Herrlich getroffen!

MAX *(bis jetzt die geballte Faust vor der Stirn, schlägt damit auf den Tisch, ausrufend):* Glück zu, Bauer!

CHOR DER LANDLEUTE:

Viktoria! Viktoria! Der Meister soll leben,
Der wacker dem Sternlein den Rest hat gegeben!
Ihm gleichet kein Schütz von fern und von nah!
Viktoria! Viktoria! Viktoria!
(Allgemeiner Jubel. Die Stange wird herabgelassen.)

MAX: Immer frisch! Schreit! Schreit! *(Er stampft mit der Büchse auf den Boden und lehnt sie an einen Baum.)* War ich denn blind? Sind denn die Sehnen dieser Faust erschlafft?

KILIAN: Schau der Herr mich an als König!
Dünkt Ihm meine Macht zu wenig?
Gleich zieh Er den Hut, Mosje!
Wird Er, frag ich, he, he, he?

MÄDCHEN *(aushöhnend, Rübchen schabend, mit den Fingern auf Max deutend):*
Hehehehehehehehehe!

MAX *(springt auf und faßt Kilian bei der Brust):* Laßt mich zufrieden oder –!

Kuno. Kaspar und mehrere Jäger. Die Vorigen.

KUNO: Was gibt's hier? Pfui, dreißig über einen! Wer untersteht sich, meinen Burschen anzutasten?

KILIAN *(von Max losgelassen, aber noch furchtsam):*
Alles in Güte und Liebe, werter Herr Erbförster, gar nicht böse gemeint! Es ist Herkommen bei uns, daß,

wer stets gefehlt hat, vom Königsschuß ausgeschlossen und dann ein wenig gehänselt wird – alles in Güte und Liebe.

KUNO *(heftig):* Stets gefehlt? Wer? Wer hat das?

KILIAN: Es ist freilich arg, wenn der Bauer einmal über den Jäger kommt – aber fragt ihn nur selbst.

MAX *(beschämt und verzweifelnd).* Ich kann's nicht leugnen; ich habe nie getroffen.

KASPAR *(für sich):* Dank, Samiel!

KUNO: Max! Max! Ist's möglich! Du, sonst der beste Schütze weit und breit! Seit vier Wochen hast du keine Feder nach Hause gebracht, und auch jetzt –? Pfui der Schande!

KASPAR: Glaube mir, Kamerad, es ist, wie ich gesagt habe: es hat dir jemand einen Weidmann gesetzt, und den mußt du lösen, oder du triffst keine Klaue.

KUNO: Possen!

KASPAR: Das meine ich eben, so etwas ist leicht gemacht; laß dir raten, Kamerad! Geh nächsten Freitag auf einen Kreuzweg, zieh mit dem Ladestock oder einem blutigen Degen einen Kreis um dich und rufe dreimal den großen Jäger –

KILIAN: Gott bewahr uns! Einen von des Teufels Heerscharen!

KUNO: Schweig, vorlauter Bube! Ich kenne dich längst. Du bist ein Tagedieb, ein Schlemmer, ein falscher Würfler – hüte dich, daß ich nicht noch Ärgeres von dir denke. *(Kaspar macht eine kriechende Bewegung, als wolle er sich entschuldigen.)* Kein Wort, oder du hast auf der Stelle den Abschied! Aber auch du, Max, sieh dich vor! Ich bin dir wie ein Vater gewogen; es freut mich, daß der Herr Fürst Sohnesrecht auf den Eidam übertragen will, aber, wenn du morgen beim Probeschuß fehltest, müßt' ich dir doch das Mädchen versagen. Oder wollt ihr in der Irre herumlaufen?

MAX *(der erst bei Kunos Anrede aus seiner Zerstreuung zurückgekommen ist):*
Oh, diese Sonne,
Furchtbar steigt sie mir empor!

KUNO: Leid oder Wonne,
Beides ruht in deinem Rohr!

MAX: Ach, ich muß verzagen,
Daß der Schuß gelingt!

KUNO: Dann mußt du entsagen!
Leid oder Wonne,
Beides ruht in deinem Rohr!

KASPAR *(zu Max, mit bedeutungsvoller Heimlichkeit):*
Nur ein keckes Wagen
Ist's was Glück erringt!

MAX: Agathen entsagen,
Wie könnt' ich's ertragen?
Doch mich verfolget Mißgeschick!

CHOR: Seht, wie düster ist sein Blick!
Ahnung scheint ihn zu durchbeben!

DIE JÄGER *(zu Max):*
O laß Hoffnung dich beleben,
Und vertraue dem Geschick!
KUNO UND CHOR: O laß Hoffnung dich beleben,
Und vertraue dem Geschick!
MAX: Weh mir! Mich verließ das Glück!
KUNO und CHOR: O vertraue!
MAX: Unsichtbare Mächte grollen,
Bange Ahnung füllt die Brust!
CHOR: O vertraue dem Geschick!
MAX: Unsichtbare Mächte grollen,
Bange Ahnung füllt die Brust!
Nimmer trüg' ich den Verlust!
KUNO: So's des Himmels Mächte wollen,
Dann trag männlich den Verlust!
KASPAR: Mag Fortunas Kugel rollen;
Wer sich höhrer Kraft bewußt,
Trotzt dem Wechsel und Verlust!
MAX: Agathen entsagen,
Wie könnt ich's ertragen!
Nimmer trüg' ich den Verlust! Nimmer!
KUNO: Trage!
CHOR. Nein, nein, nimmer trüg' er den Verlust!
Nein!
KUNO *(faßt Max bei der Hand):*
Mein Sohn, nur Mut!
Wer Gott vertraut, baut gut! –

(Zu den Jägern.)
Jetzt auf! In Bergen und Klüften
Tobt morgen der freudige Krieg!
CHOR DER JÄGER: Das Wild in Fluren und Triften,
Der Aar in Wolken und Lüften
Ist unser, und unser der Sieg!
CHOR DER LANDSLEUTE:
Laßt lustig die Hörner erschallen!
CHOR DER JÄGER: Wir lassen die Hörner erschallen!
ALLE: Wenn wiederum Abend ergraut,
Soll Echo und Felsenwand hallen:
Sa! Hussa, dem Bräut'gam, der Braut!

Der Schuß in der Nacht

Ludwig Ganghofer

Kaum einen Büchsenschuß vom Waldsaum stand das Haus meiner Eltern – das Forsthaus. Oh, ihr allzu nahen Bäume! Wie manche Portion wohlgesalzener Hiebe habt ihr mir eingetragen! Wenn ich da, ein achtjähriges Bürschlein, nach Hause kehrte, in zerkratzten Händen das ausgenommene ›Eichkatzl‹, die junge Nebelkrähe oder den flatternden, kaum flüggen Kuckuck schwingend, so galt der erste Blick meiner guten Mutter durchaus nicht dem erbeuteten Getier; forschend überflog vielmehr ihr Auge die Ellbogen meines Jöppchens und die Knie- und Sitzgegend meiner Unaussprechlichen. Weh mir, wenn da zutage kam, daß die allzu spitzen Aststümpchen oder die Pechnarben der erkletterten Tanne dem teueren Buckskin ein Leids getan. Heute noch seh ich sie vor mir, die gefürchtete, langriemige Peitsche mit dem Rehfußgriff, die zu unbenutzten Zeiten im Hausflur zwischen Gewehren und Rucksäcken am Zapfenbrett hing. Wurde sie dann, was glücklicherweise nicht allzu häufig geschah, durch die Hand ihres gestrengen Herrn vom Haken gelöst, so verkrochen wir uns in alle Winkel, ich, Hektor, der hochstämmige Schweißhund, und Bursch, der krummbeinige Teckel.

Jenen allzu nahen Bäumen bin ich aber deshalb doch niemals gram geworden. Und heut noch gedenk ich ihrer in dankbarer Liebe. Strömte doch das geheimnisvolle Leben, das zwischen ihren weitgespannten Ästen und in ihrem moosigen Schatten webte und wirkte, jene unendliche Fülle grüner Poesie über die Zeit meiner frühesten Jugend aus! Wenn der Lenzwind leise durch die Wipfel plauderte und mit zischelndem Rauschen vom Waldsaum niederstrich über die rohrdurchwachsenen Teiche, wenn hoch in sonnigen Lüften der Weih seine stillen Kreise spannte, wenn aus den abenddunklen Buchen und Eichen das Gurren und Liebeslocken der Wildtauben klang, wenn im tauigen Wiesengrunde das schlanke braune Reh im Dämmerlicht zur Äsung zog und der graue Reiher mit ruhigem Flügelzuge zum Horste strich – wenn dann erst die Nacht herniedersank über die weite Flur, wenn ich pochenden Herzens am offenen Fenster saß, dem eintönigen Lied der Unken lauschte und dem schauerlichen Huhu des ›Holimanns‹, der draußen im schwarzen Wald seine Kinder, die Käuzlein, zum Nachtgejaide rief, da trieb meine jugendliche Phantasie ihre Blüten, so seltsam und zahlreich, wie der Waldgrund seine Pilze treibt nach einer lauen Regennacht.

Und welch ein lautes, lustiges Jägerleben umgab mich im eigenen Hause! Da war der kiesige Hof mit den munteren, schmucken Hunden, da war der Wiesengarten mit dem Scheibenstand, an dem die Büchsen eingeschossen wurden, da war die Zwirchkammer, darin die erlegten Böcke, Füchse und Hasen an den schweißfleckigen Eisenhaken hingen, da sah man in allen Gängen und Gemächern Jagdgeräte und Jagdtrophäen – und wenn der Abend kam, dann saßen im traulichen Wohnzimmer rings um den Eichentisch die Jäger, hinter dem Bierkrug ihre Pfeifen schmauchend, und da gab es Jagdgeschichten, deutsch und lateinisch.

Was Wunder, daß in solcher Umgebung die Liebe zum waldfrohen Weidwerk in meinem Herzen bald eine dauernde Wohnstätte fand! Schon als kleiner Junge schlich ich mich, die hölzerne Armbrust – vulgo Balester – auf dem Rücken, hinaus in den Wald und schnellte meinen Lindenbolz nach dem kreischenden Häher in das Buchenlaub. Und welch ein Vergnügen, da ich das erstemal als Treiber zum Fuchsriegeln mitgenommen wurde oder auf den Anstand und zur Hühnerjagd! Mit welcher Inbrunst drückte ich das kleine Zimmergewehr an die Wange, mit dem ich überrascht wurde, als ich nach dem ersten Lateinschuljahr auf Ferien kam! Und als ich gar acht Jahre später mit dem roten Käpplein und einer guten Note heimzog, wurde ich vor Freude halb verrückt, als ich auf dem Tisch meines Ferienstübchens eine vollständige Jagdausrüstung, eine zierliche Büchsflinte und eine wahrhaftige Jagdkarte vorfand.

Nun ging's aber an ein ›Jagern‹!

Tag und Nacht gönnte ich mir keine Ruh. Und als ich nur erst einen Rehbock mit der Kugel geschossen hatte, legte ich mich ›unter uns Jägern‹ breit in den Tisch und lateinerte mit den graubärtigen Hubertusjüngern um die Wette. Meine Phantasie hatte damals, um mich eines beliebten Ausdrucks zu bedienen, alle Hände voll zu tun, damit es meinem Jägerlatein nur niemals an Stoff gebrach.

Aber dann ist mir ein ganz seltsames Abenteuer wirklich und wahrhaftig widerfahren – ja, ja, ein recht seltsames Abenteuer!

Ein starkes Gewitter hatte mir die Frühpirsch verregnet. Als es aber neun Uhr vormittags wurde, ließ das Unwetter nach, die Sonne brach sich Bahn durch die treibenden Wolken, und in ihrer milden Wärme kräuselten sich blau und luftig die Wasserdünste aus den dunklen Wäldern. Da hatt' ich jetzt ein Pirschwetter, wie es ein Weidmann sich nur wünschen mag.

Rasch nahm ich einen Imbiß zu mir, der mich das Mittagessen verschmerzen lassen konnte. Dann ging's hinaus unter die regennassen Bäume, von denen der leichte Wind die schillernden Tropfen auf mich niederstäubte.

Lautlos gleitet zu solcher Zeit der Fuß des Jägers über den feuchten Waldgrund; da raschelt kein Laub, und unhörbar schmiegt sich das nasse Reisig unter dem Tritt ins weiche Moos.

Und welch ein reiches Leben umgibt zu solcher Stunde den unter triefenden Ästen spähend von Stamm zu Stamm sich schleichenden Jäger! Tausende von Käfern und flinkfüßigen Würmchen kribbeln und huschen zwischen den glitzernden Moosfasern und tropfenschweren Farnblättern hin und her; in gesteigertem Eifer reisen die fleißigen Ameisen durch die Rindenklunsen aller Bäume vom Grunde zu den Wipfeln und wieder niederwärts zur Erde; die Vögel, die sich während des Regens stumm und ängstlich unter die dichtesten Zweige duckten, recken und spreizen pispernd die nassen Flügel und schwingen sich zwitschernd von einem sonnigen Plätzchen zum anderen; unter Kreischen und Krächzen beginnen die Häher, diese Gassenbuben des Waldes, von neuem ihr lärmendes Flatterspiel. Da bockelt auch schon ein junges Häslein mit sorglosem Gleichmut, als gäb es weder Hund noch Jäger, über die vielverschlungenen Wurzeln dem Felde zu, manchmal sich verhaltend, um von dem winzigen Moosklee zu naschen; und die Rehe, die nun in dem nassen Buschwerk ein gar unbehagliches Weilen haben, recken windend die zierlich schönen Köpfe aus den Stauden und ziehen äsend nach den grasigen Waldwegen und Lichtungen, um sich in der Sonne zu trocknen.

Solche Lichtungen und Wege suchte ich schleichenden Fußes auf; und es währte auch nicht lange, da hatt' ich schon einen Rehbock, der mir auf zwanzig Gänge über den Weg getreten war, in der unverzeihlichsten Weise gefehlt.

Durch dieses Mißgeschick – wir Jäger sagen ›Pech‹ – war ich unmutig, ungeduldig und unvorsichtig geworden, so daß ich, als ich nachmittags vier Uhr an der weitentlegenen Jagdgrenze aus dem Wald auf die Wiesen trat, einen völlig erfolglosen Pirschgang hinter mir hatte.

Zu meinen Füßen im Tal, kaum zwanzig Minuten von der Stelle, an der ich stand, lag eine kleine Ortschaft, in der ich schon manchmal auf meinen Streifzügen ein paar Stunden hinter einem Kruge kühlen Sommerbieres gerastet hatte.

Im aufziehenden Winde hörte ich von der Kegelbahn des Wirtshauses her das Rollen der Kugel, das Poltern der fallenden Kegel und ab zu zu ein lautes, mehrstimmiges Gelächter. Ich traf also jedenfalls da drunten eine lustige Gesellschaft, die mir recht willkommen schien, um mir den Unmut über mein Weidmannspech aus den Gedanken zu treiben.

Ich hatte Zeit bis sechs Uhr. Anderthalb Stunden brauchte ich dann für den Heimweg – und inmitten dieses Weges lag an der stillen Waldstraße eine vor wenigen Jahren erst neubebaute Windbruchfläche, die kreuz und quer von Wildwechseln durchzogen war. Da konnte ich vor Einbruch der Dämmerung noch eine Stunde ansitzen und, wenn Hubertus mir gnädig war, durch einen glücklichen Schuß das Mißgeschick des Morgens wiedergutmachen.

In solcher Hoffnung schritt ich über den Hügel hinunter und dem lockenden Wirtshaus entgegen. Auf der Kegelbahn traf ich außer zwei rundlichen Geistlichen und einem mageren Alumnus den Förster und Jagdaufseher der nahegelegenen Wartei sowie den Doktor und Schullehrer des Ortes, zwei große Jäger vor dem Herrn.

Da war denn auch neben Sommerbier und Kegelspiel die Jagd das unversiegbare Gesprächsthema, bei dem uns die Zeit wie im Fluge verfloß, so daß erst die sinkende Dämmerung mich gemahnte, nach der Uhr zu sehen. Die dem ›Anstand‹ zugedachte Stunde war versäumt. Ich brauchte mich also mit dem Fortgehen nicht übermäßig zu beeilen und setzte mich behaglich wieder an den Tisch.

Als aber um neun Uhr, nach dem Gebetläuten, die beiden Geistlichen mit ihrem zukünftigen Berufsgenossen sich verabschiedeten, wollte ich nach Büchse und Rucksack greifen; doch ich ließ mich vom Förster leicht überreden, für meinen Heimweg den Mond abzuwarten, der längstens in einer Stunde über die nachtschwarzen Baumwipfel emportauchen mußte.

Nun waren wir Jäger unter uns. Und da kam nach mancherlei wunderlichen Geschichten auch jenes nur für Jägerohren ganz gerechte Gesprächskapitel an die Reihe:

das Kapitel der Wildschützen. Die Einleitung bildete eine vom Förster an mich gerichtete Frage, wie es dem ›Deberjackl‹ ginge. Der ›Deberjackl‹, ein Bursche meines heimatlichen Dorfes, war ein Wilderer, der seit Jahren in den umliegenden Jagdgebieten großen Schaden angerichtet hatte, ohne daß man ihn jemals auf der Tat hätte ertappen können. Schließlich aber war ihm doch einmal ein nächtlicher Pirschgang übel geraten, denn er hatte statt der erhofften Rehgeiß ein paar Dutzend Schrotkörner im eigenen Fleische mit nach Hause gebracht.

Von diesem Vorfall kamen wir auf ähnliches zu sprechen; jeder meiner Gesellschafter wußte langes und breites über ein Zusammentreffen mit Wilddieben zu berichten; und besonders der Förster brachte Geschichten aufs Tapet, daß mir achtzehnjährigem Burschen ein wohliges Schaudern über den Rücken rieselte.

Als ich gegen halb elf Uhr in die mondhelle Nacht hinaustrat, um heimwärts zu wandern, war mir nach allem Gehörten sonderbar zumut. Während ich auf schmalem Fußpfad über die feuchten Wiesen dem Wald zuschritt, sann ich immer wieder diesen gruseligen Geschichten nach, in denen es mit Schuß und Schuß um Tod und Leben gegangen war. Und als ich zwischen finsteren Tannen auf das schmale Sträßchen einlenkte, das sich in der Länge einer Wegstunde durch den Wald dahinzog, spannte ich unwillkürlich die linke Hand mit festerem Druck um meine Büchse.

In raschem Gange schritt ich vorwärts. Eng flochten sich über mir die Äste der Bäume ineinander und gewährten dem Mondlicht nur in spärlichen Lücken einen Durchweg, so daß sich die Straße gerade noch in erkennbarem Dämmerschein von dem Moosgrund abhob. Ihr lehmiger Boden war von dem ausgiebigen Regen des Morgens her noch sehr erweicht, so daß mein Fuß lautlos darüber hinschritt. Kein Windhauch regte die Wipfel der dunklen Bäume. Ich schalt mich selbst um der leichten Bekommenheit willen, die inmitten dieser atemlosen Stille mein Herz beschlich. Dann dachte ich an hundert lustige Dinge, um nur meine Gedanken von jenen blutigen Schauergeschichten loszureißen. Aber was half's? Bald vermeinte ich im Wald einen knisternden Fußtritt zu vernehmen, bald glaubte ich den Hall eines fernen Schusses zu hören, bald sah ich einen vom Mondlicht gestreiften Fichtenast für einen blinkenden Gewehrlauf an.

Was würde ich tun, so fragte ich mich unter dem Zwange meiner aufgeregten Phantasie, wenn ich plötzlich an einer lichteren Stelle unter den Bäumen so einen Kerl gewahrte, der vor dem nächtlich erlegten Wild auf der Erde kniete? Sollt' ich ihn anrufen? Oder gleich –?

Ein um das andere Mal nahm ich die Büchse von der Schulter und versuchte durch die Dunkelheit nach einem Baumstamme zu zielen; oder ich blieb minutenlang stehen und lauschte in den nachtstillen Wald hinein, worauf ich mit raschen Schritten wieder meinem Weg folgte.

Erleichtert atmete ich auf, als die Straße heller und heller wurde. Eine Strecke von kaum hundert Schritten trennte mich noch von jener offenen Windbruchfläche, und wenn ich diese passiert hatte, war ich in einem halben Stündchen zu Hause. Schon traten linker Hand die hohen Bäume vom Wege zurück, und das grasüberwachsene Moos senkte sich in einen mannstiefen Graben, der die Straße bis zu den Wiesen hinaus geleitete.

Nun trat ich unter dem Schatten der letzten Bäume hervor auf die mondbeschienene Lichtung, mein Auge schweifte mit raschem Blick über den rechts ansteigenden, buschigen Hang – und ich vermeinte, das Blut müsse mir jählings zu Eis gerinnen. Denn mitten im Tannengestrüpp stand auf etwa sechzig Schritte vor mir ein langer, hagerer Kerl mit berußtem Gesicht, das Gewehr im Anschlag gegen meine Brust gerichtet.

Doch nur für die Dauer einiger Sekunden hielt meine Erstarrung an. Dann riß ich die Büchse an die Wange. Mein Schuß krachte. Gleichzeitig hörte ich den Aufschlag der treffenden Kugel. Und ehe der Pulverrauch sich verzogen hatte, war ich von der Straße in den Moosgraben hinuntergesprungen, in dessen Schutz ich hastigen Laufes den Wiesen zustürzte.

Unter welchen Empfindungen ich damals den Hofraum meines Elternhauses erreichte, vermag ich nicht zu sagen. Es blieb nur die Erinnerung an den grauenvollen Gedanken: ›Du hast einen Menschen getötet!‹

Die Haustür fand ich versperrt. Aber die Kanzlei meines Vaters sah ich noch erleuchtet. Ich pochte an das Fenster. Und als mir eine Minute später mein Vater, die Lampe in der Hand, das Haus öffnete, erschrak er nicht wenig über mein blasses Gesicht und über mein verstörtes Aussehen. Auf seine besorgten Fragen brachte ich keine Antwort heraus. Unter keuchenden Atemzügen sank ich auf die Stufen der Treppe nieder. Es währte geraume Zeit, bis ich mich erheben und Büchse und Rucksack ablegen konnte. Nun erst gewahrte ich, daß ich meinen Hut verloren hatte. Mit bleischweren Knien schritt ich meinem Vater voraus in die Kanzlei.

»Papa! Ich hab einen erschossen!«

So leitete ich den Bericht des bösen Abenteuers ein, das mir vor kaum einer halben Stunde widerfahren war.

Schweigend hörte mein Vater die Geschichte an. Als ich schwieg, durchmaß er eine Weile mit langen Schritten das Zimmer. Dann trat er auf mich zu, sah mir mit einem guten Blick in die Augen und sagte:

»Leg dich jetzt schlafen! Morgen früh um fünf Uhr werde ich dich wecken. Und dann wollen wir ihn miteinander suchen … den Toten.«

Als ich die Treppe zu meinem Stübchen hinaufstieg, lagen mir Müdigkeit und Erregung wie Blei in den Gelenken. Kaum hatte ich mich in die Kissen fallen lassen, da hörte ich die Turmuhr mit dumpfen Schlägen Mitternacht verkünden.

Ein kalter Schauer rüttelte mich.

»Mörder! Mörder!« rief eine Stimme in meinem Gewissen.

Heiliger Herrgott! Was hatte ich getan! Ich hörte ein Elternpaar, dem ich den einzigen Sohn getötet, um seine verlorene Lebensfreude jammern. Ich hörte ein Weib klagen, dem ich den Gatten, ich hörte Kinder weinen, denen ich den Vater gemordet hatte. Und war's denn auch wirklich ein Wildschütz, auf den ich geschossen hatte? Oder war es der Förster, der bei Mondschein im Walde Schutzdienst machte? Oder von den Forstgehilfen einer, der mich für einen Wilddieb nahm und mich anrufen wollte, als ich ihn mit sinnloser Übereilung niederschoß?

Ob ich solche Dinge bei wachen Sinnen dachte oder ob ich sie nur träumte, nachdem der Schlaf meines übermüdeten Körpers sich erbarmt hatte – das weiß ich nimmer.

Als ich geweckt wurde, fuhr ich mit schwerem und dumpfem Kopf aus dem Kissen. Drunten im Flur fand ich meinen Vater schon wegbereit.

»Wollen wir ohne Begleitung gehen?« fragte ich.

Ein leichtes Kopfnicken war meines Vaters ganze Antwort. Und er sah mich fragend an, als ich nach meiner bei Jagdausflügen sonst so verachteten Studentenmütze und nach meinem Stocke griff. Nicht um alles in der Welt hätt' ich es vermocht, meine Büchse zu berühren.

Schweigend durchschritten wir das erwachende Dorf. Und als wir uns nach kurzer Wanderung über die Wiesen dem Walde näherten, gewahrten wir von ferne schon im taunassen Gras den dunklen Streif, der den Weg bezeichnete, den ich in der Nacht aus dem Moosgraben quer durch die Wiesen genommen hatte.

Am Saum der Windbruchfläche, während wir dem Waldsträßchen folgten, untersuchten wir die Gräser und Kräuter des Raines. Sie waren weiß und naß vom Tau. Kein Fuß hatte also während der Nacht den Rain überschritten. Wohl aber fanden wir die Stelle, an der ich in den Moosgraben hinabgesprungen war; da drunten lag auch mein Hut.

»Bevor wir die Lichtung durchsuchen«, sagte mein Vater, »müssen wir genau die Schußlinie feststellen. Geh also einige zwanzig Schritte ins tiefere Gehölz, kehre dann zurück, und wenn du unter den Bäumen hervortrittst, blicke genau nach der Richtung, in die du geschossen hast.«

Schweigend tat ich, was der Vater haben wollte. Und als ich aus dem Schatten der hohen Bäume ins Freie trat und über die Böschung hinaufspähte, fuhr aus meiner Kehle ein halblauter Schrei – der Verlegenheit.

Da stand er wieder, der lange, hagere, rußgesichtige Wilddieb von heute nacht! Statt im fahlen Mondschein jetzt im lauteren Lichte der aufgehenden Sonne betrachtet, entpuppte er sich als der dunkle, halbvermoderte Strunk einer Föhre, die der Sturm vor Jahren gebrochen hatte. Ungefähr in der Armhöhe eines Mannes ragte aus dem Baumstumpf ein gebrochener, morscher Ast gegen die Ausmündung des Waldweges.

Das Blut stieg mir vor Scham ins Gesicht. Mein Vater lachte. Und lachend winkte er mir, während er durch das junge Fichtengestrüpp dem verhängnisvollen Fährenstrunke zuschritt.

Dicht über dem ausragenden Aste fanden wir das mürbe Holz von meiner Kugel durchbohrt.

Aufgegebene Jagd

Achim von Arnim/Clemens Brentano

Ich schwing mein Horn ins Jammertal,
Mein Freud ist mir verschwunden,
Ich hab gejagt, muß abelan,
Das Wild lauft vor den Hunden;
Ein edel Tier in diesem Feld
Hätt ich mir auserkoren,
Das schied von mir, als ich es meld,
Mein Jagen ist verloren.
Fahr hin, Gewild, in Waldeslust,
Ich will dich nimmer schrecken
Und jagen dein schneeweiße Brust,
Ein ander muß dich wecken
Mit Jagdgeschrei und Hundebiß,
Daß du kaum mögst entrinnen:
Halt dich in Hut, schöns Maidlein gut,
Mit Leid scheid ich von hinnen.
Kein Hochgewild ich fahen kann,
Das muß ich oft entgelten;
Noch halt ich stets auf Jägersbahn,
Wiewohl mir Glück kommt selten:
Mag ich nicht han ein Hochwild schön,
So laß ich mich begnügen
Am Hasenfleisch, nichts mehr ich weiß,
Das mag mich nicht betrügen.

4. *Waidmanns Pech*

Sankt Nimrod selbst gestand es frei,
nicht jeder schöner Jagdtag sei
zum Fangtag auserkoren.

Heinrich von Wildungen

Eine Hasenjagd zu Wasser
Ein Märchen aus dem Hannoverschen

Das kleine Flüßchen, an welchem Hildesheim liegt, die Innerste, war über sein Ufer getreten und setzte die umliegenden Gefilde unter Wasser. Das geschah auch mit der Feldmark Großdüngen, die in der Nähe genannter Stadt liegt. Auf einem Wiesenstück daselbst, das mit wenigen alten Weidenbäumen besetzt war, sah sich ein unvorsichtiger Hase plötzlich von allen Seiten von steigenden Fluten eingeschlossen. Nach einigen Hin- und Hersprüngen setzte der Gefangene sich ruhig nieder, putzte sich den Bart und harrte der Dinge, die da kommen sollten. Diese ließen nicht lange auf sich warten, das Wasser stieg, das Wasser schwoll, des festen Erdreichs ward immer weniger, und bald bestand Herrn Lampes Reich nur noch aus dem bemoosten Wurzelstocke einer schräg überhangenden alten Weide. – Dieser Zustand der Dinge war nicht unbeachtet geblieben. Ein Bäuerlein hatte den Verlegenheiten des armen Hasen von seinem Hofe aus schmunzelnd zugesehen. Jetzt, als er den Spielraum des flüchtigen Wildes auf kaum einen Fuß ins Geviert beschränkt sah, dachte er bei sich: »Sau, deck willt wie nu schonst kriegen!« Laut rief er dann ins Haus hinein seiner Frau zu: »Dortchen, pack mal den Backeltrog mit an, ich will schippen!« – Das Fahrzeug ward glücklich vom Stapel gelassen, der Bauer setzte sich hinein und arbeitete mit einer langen Bohnenstange nach der Residenz des Hasen hin, dem so eine zweite Lebensgefahr drohte. Diese gab ihm ungewöhnliche Talente. Er kletterte, so sauer es ihm auch ward, an dem schrägen, rissigen Weidenstamm in die Höhe und lagerte sich auf einem waagerecht abstehenden Ast. Da kam der Bauer an, sah aber bald ein, daß er von seinem Backtrog aus den Hasen auf seinem jetzt erhabenen Sitze nicht erreichen konnte. Wollte er nun auf den Braten nicht verzichten und die ganze Fahrt umsonst gemacht haben, so mußte er dem Hasen nach in den Baum klettern. Es geschieht; der Hase in seiner Verzweiflung, den Todfeind immer näher kommen sehend, faßt sich ein Herz und springt mit einem gewaltigen Satze in – das Wasser? – nein, in den Backtrog! Dieser wird durch den Stoß vom Stamme abgetrieben und langt nach einer kurzen, glücklichen Reise mit seinem vergnügten Passagier am anderen Ufer an. Wie fröhlich hüpfte Herr Lampe ans Land! Hier hielt er einen Augenblick an, wendet sich seinem Verfolger zu, macht ihm auf den Hinterläufen sitzend die schönsten Männchen und eilt dann trockenen und sicheren Gegenden zu. Unser Jäger aber saß kleinlaut und verdutzt auf seinem Baume, und es dauerte lange Zeit, bis Dortchen ein anderes Fahrzeug flott gemacht hatte, um den Jäger, der so wunderbar um seinen Braten gekommen war, heimzuholen.

Die Geschichte vom wilden Jäger
Heinrich Hoffmann

Es zog der wilde Jägersmann
sein grasgrün neues Röcklein an;
nahm Ranzen, Pulverhorn und Flint
und lief hinaus ins Feld geschwind.

Er trug die Brille auf der Nas
und wollte schießen tot den Has.
Das Häschen sitzt im Blätterhaus
und lacht den wilden Jäger aus.

Jetzt schien die Sonne gar zu sehr.
da ward ihm sein Gewehr zu schwer.
Er legte sich ins grüne Gras;
das alles sah der kleine Has.
Und als der Jäger schnarcht und schlief,
der Has ganz heimlich zu ihm lief
und nahm die Flint und auch die Brill
und schlich davon ganz leis und still.

Die Brille hat das Häschen jetzt
sich selbst auf seine Nas gesetzt;
und schießen will's aus dem Gewehr.
Der Jäger aber fürcht sich sehr.
Er läuft davon und springt und schreit:
»Zu Hilf, ihr Leut, zu Hilf, ihr Leut!«

Da kommt der wilde Jägersmann
zuletzt beim tiefen Brünnchen an.
Er springt hinein. Die Not war groß;
es schießt der Has die Flinte los.
Des Jägers Frau am Fenster saß
und trank aus ihrer Kaffeetaß.
Die schoß das Häschen ganz entzwei;
da rief die Frau: »O wei! O wei!«

Doch bei dem Brünnchen heimlich saß
des Häschens Kind, der kleine Has.
Der hockte da im grünen Gras;
dem floß der Kaffee auf die Nas.
Er schrie: »Wer hat mich da verbrannt?«
und hielt den Löffel in der Hand.

Aus: »Der Struwwelpeter«

Ljgow

Iwan S. Turgenjew

»Wir wollen nach Ljgow fahren«, sagte einmal Jermolaj zu mir, »dort können wir nach Herzenslust Enten schießen.«

Obgleich für den richtigen Jäger die Wildente nichts besonders Anziehendes darstellt, hörte ich auf den Rat meines Jägers, weil es eben nichts anderes zu schießen gab (es war Anfang September: die Waldschnepfen waren noch nicht da, und ich war es überdrüssig, den Rebhühnern über die Felder nachzulaufen), und begab mich nach Ljgow.

Ljgow ist ein großes Steppendorf mit einer überaus alten eintürmigen Steinkirche und zwei Wassermühlen an dem sumpfigen Flüßchen Rosota. Dieses Flüßchen verwandelte sich fünf Werst unterhalb Ljgow in einen großen Teich, der an den Rändern und stellenweise auch in der Mitte mit dichtem Schilf bewachsen ist, welches im Orjolschen »Mayer« genannt wird. Auf diesem Teich nisteten und lebten in den kleinen Buchten und verborgenen Schlupfwinkeln zwischen dem Schilf Unmengen von Enten aller möglichen Arten: Stockenten, Tauchenten, Spießenten, Krickenten, Knäkenten und andere kleine Entenschwärme hielten sich oder strichen über das Wasser, bei einem Schuß jedoch erhoben sich solche Wolken, daß der Jäger unwillkürlich mit einer Hand an die Mütze griff und ein gedehntes »fu-u!« ausstieß. Wir gingen mit Jermolaj am Teich entlang, aber erstens hält sich die Ente, ein vorsichtiger Vogel, nicht am Ufer auf, und zweitens konnten unsere Hunde, wenn auch eine zurückgebliebene und erfahrene Krickente von uns geschossen wurde und ihr Leben ließ, diese aus dem dichten Mayer nicht apportieren: ungeachtet der edelsten Selbstaufopferung konnten sie weder schwimmen noch auf dem Boden gehen und zerschnitten nur völlig zwecklos ihre kostbaren Nasen an den scharfen Schilfrändern.

»Nein«, sagte schließlich Jermolaj, »so geht es nicht: wir müssen uns ein Boot besorgen... Wir wollen nach Ljgow zurückgehen.«

Wir gingen. Wir hatten kaum ein paar Schritte gemacht, als uns aus einem dichten Weidenbusch ein recht elender Hühnerhund entgegengelaufen kam; hinter ihm erschien ein Mann mittlerer Statur in einem blauen, sehr abgewetzten Rock, einer gelblichen Weste, einer flüchtig in die schadhaften Stiefel gestopften Hose von der Farbe gris-de lin oder bleu d'amour, einem roten Halstuch und einer einläufigen Flinte auf dem Rücken. Während unsere Hunde sich in dem gewohnten, ihrer Gattung eigenen chinesischen Zeremoniell mit der ihnen neuen Persönlichkeit beschnupperten, die sich sichtlich fürchtete, den Schwanz einkniff, die Ohren anlegte und sich zähnefletschend auf steifen Beinen schnell mit dem ganzen Körper herumwarf, trat der Fremde an uns heran und verbeugte sich überaus höflich. Dem Aussehen nach war er fünfundzwanzig Jahre alt; sein langes, blondes, stark mit Kwaß getränktes Haar stand in steifen Strähnen in die Höhe, die kleinen braunen Augen blinzelten freundlich, und das ganze, mit einem schwarzen Tuch – sicherlich wegen Zahnschmerzen – umwundene Gesicht lächelte süßlich.

»Gestatten Sie, daß ich mich vorstelle«, begann er mit weicher und einschmeichelnder Stimme, »ich bin der hiesige Jäger Wladimir... Als ich von Ihrer Ankunft Kenntnis erhielt und vernahm, daß Sie geruht haben, sich an das Ufer unseres Teiches zu begeben, beschloß ich, wenn es Ihnen nicht ungelegen kommt, Ihnen meine Dienste anzubieten.«

Der Jäger Wladimir sprach ganz wie ein junger Schauspieler in der Provinz, welcher die Rollen der ersten Liebhaber spielt. Ich ging auf seinen Vorschlag ein, und ehe wir noch Ljgow erreichten, kannte ich schon seine ganze Lebensgeschichte. Er war ein freigelassener Hofknecht; in seiner frühen Jugend hatte er Musikunterricht genossen, hatte dann eine Stelle als Kammerdiener angenommen, konnte schreiben, las, soviel ich feststellen konnte, irgendwelche Schmöker, lebte jetzt wie so viele in Rußland ohne einen Groschen Bargeld und ohne eine ständige Beschäftigung und nährte sich eigentlich nur vom himmlischen Manna. Er drückte sich ungemein gewählt aus und bildete sich sichtlich viel auf seine Manieren ein; gewiß war er auch ein großer Schürzenjäger und hatte höchstwahrscheinlich Erfolg dabei: die russischen Mädchen lieben Beredsamkeit. Er gab mir unter anderem zu verstehen, daß er zuweilen die umliegenden Gutsbesitzer besuche und in die Stadt zu Gast fahre, Preference spiele und in der Hauptstadt Bekannte habe. Er lächelte meisterhaft und sehr abwechslungsreich; besonders gut stand ihm ein bescheidenes, kaum merkliches Lächeln, welches um seinen Mund spielte, wenn er den Worten anderer lauschte. Er hörte sie bis zu Ende an, war völlig einer Meinung mit ihnen, blieb sich aber doch seines eigenen Wertes bewußt und wollte ihnen anscheinend zu verstehen geben, daß auch er bei Gelegenheit eine Meinung äußern könne. Jermolaj, der nicht sehr gebildet und ganz und gar nicht »subtil« war, begann ihn zu duzen. Sie hätten sehen sollen, mit welch einem Lächeln Wladimir ihn mit Sie anredete...

»Warum ist Ihr Kopf mit einem Tuch umwickelt!« fragte ich. »Haben Sie Zahnschmerzen?«

»Nein«, entgegnete er, »es ist vielmehr die verderbliche Folge einer Unachtsamkeit. Ich hatte einen Freund, der ein guter Mensch, aber kein Jäger war, wie das so vorkommt. Eines Tages sagt er zu mir: ›Mein lieber Freund, nimm mich auf die Jagd mit: ich möchte gern erfahren, worin dieses Vergnügen besteht.‹ Ich wollte natürlich einem Freund keine Bitte abschlagen, besorgte ihm ein Gewehr und nahm ihn auf die Jagd mit. Nachdem wir längere Zeit gejagt hatten, beschlossen wir zu rasten. Ich setzte mich unter einen Baum; er dagegen begann mit dem Gewehr allerlei Kunststücke zu machen, wobei er auf mich zielte. Ich bat ihn, das sein zu lassen, aber aus Unerfahrenheit hörte er nicht auf mich. Ein Schuß krachte, und ich verlor mein Kinn sowie den Zeigefinger der rechten Hand...«

Wir erreichten Ljgow. Wladimir und Jermolaj entschieden, daß es unmöglich sei, ohne Boot zu jagen.

»Sutschok hat ein Flachboot«, bemerkte Wladimir, »ich weiß aber nicht, wo er es versteckt hat. Man muß zu ihm laufen.«

»Zu wem?« fragte ich.

»Hier lebt ein Mensch, der Sutschok genannt wird.«...

Barfuß, in abgerissener Kleidung, mit zerwühltem Haar sah Sutschok wie ein sechzigjähriger verabschiedeter Hausknecht aus.

»Hast du ein Boot?« fragte ich.

»Ein Boot ist da«, antwortete er mit einer hohlen und brüchigen Stimme, »nur ist es sehr schlecht.«

»Was fehlt ihm denn?«

»Es ist aus dem Leim gegangen, und aus den Löchern sind die Pfropfen herausgefallen.«

»Das ist kein großes Unglück«, fiel Jermolaj ein, »man kann es mit Werg abdichten.«

»Gewiß kann man das«, bestätigte Sutschok.

»Wer bist du denn?«

»Der herrschaftliche Fischer.«

»Wie kannst du denn Fischer sein, wenn dein Boot nicht in Ordnung ist?«

»In unserem Fluß gibt es auch keine Fische.«

»Die Fische lieben rostbraunes Moorwasser nicht«, bemerkte mit Wichtigkeit mein Jäger.

»Nun«, sagte ich zu Jermolaj, »besorge Werg und setz das Boot instand, aber spute dich damit.«

Jermolaj ging fort.

»Auf diese Weise können wir womöglich untergehen«, sagte ich zu Wladimir.

»Gott ist barmherzig«, antwortete er. »Jedenfalls darf man annehmen, daß der Teich nicht tief ist.«

»Ja, er ist nicht tief«, bemerkte Sutschok, der mit einer seltsam verschlafenen Stimme sprach, »doch der Grund ist voller Schlamm, und er ist überhaupt ganz mit Gras zugewachsen. Übrigens gibt es auch tiefe Stellen.«

»Aber wenn das Gras so stark ist«, bemerkte Wladimir, »wird man nicht rudern können.«

»Ja, wer rudert denn in einem Flachboot? Man muß staken. Ich werde mit euch fahren; ich habe eine Stange, aber es geht auch mit einer Schaufel.«

»Mit einer Schaufel ist es ungeschickt, weil man damit stellenweise den Grund nicht erreicht«, sagte Wladimir.

»Es ist wirklich ungeschickt.«

Nach einer Viertelstunde saßen wir bereits im Flachboot Sutschoks. Die Hunde hatten wir in der Hütte unter der Aufsicht des Kutschers Jegudijil zurückgelassen. Wir hatten es nicht besonders bequem, aber Jäger sind nicht wählerisch. Am stumpfen hinteren Ende stand Sutschok und stakte; Wladimir und ich saßen auf einem Brett in der Mitte, während Jermolaj sich ganz vorne eingerichtet hatte. Trotz des Wergs zeigte sich bald Wasser unter unseren Füßen. Zum Glück war das Wetter ruhig, und der Teich war gleichsam eingeschlafen.

Wir kamen ziemlich langsam voran. Der Alte riß mühsam seine mit den grünen Fäden der Unterwasserpflanzen umwickelte Stange aus dem weichen Schlamm; auch die breiten, runden Blätter der Moorlilien behinderten die Fahrt unseres Bootes. Schließlich kamen wir bis zum Schilf, und da ging es los. Die Enten, erschreckt durch unser unerwartetes Erscheinen in ihrem Bereich, gingen geräuschvoll hoch, »rissen« vom Wasser ab, unsere Schüsse knallten einmütig hinter ihnen her, und es war lustig zu sehen, wie diese kurzschwänzigen Vögel sich in der Luft überschlugen und schwer auf das Wasser klatschten. Alle krankgeschossenen Enten bekamen wir natürlich nicht: die leichtverletzten tauchten; einige, die sofort tot waren, fielen in einen so dichten »Mayer«, daß sogar die scharfen Äuglein Jermolajs sie nicht zu entdecken vermochten; trotz alledem füllte sich unser Boot um die Mittagszeit bis über den Rand mit Enten.

Zur größten Genugtuung Jermolajs schoß Wladimir keineswegs gut, nach jedem Fehlschuß wunderte er sich, besah sein Gewehr, blies kopfschüttelnd die Läufe durch, schien erstaunt und gab uns schließlich die Gründe an, weshalb er danebengeschossen habe. Jermolaj schoß siegreich wie immer, ich wie gewöhnlich ziemlich schlecht. Sutschok beobachtete uns mit den Augen eines Menschen, der von Jugend auf in herrschaftlichem Dienst gestanden hat, rief zuweilen: »Da, da, noch eine Ente!« und kratzte sich den Rücken – nicht mit den Händen, sondern indem er die Schulterblätter bewegte. Das Wetter war herrlich: weiße runde Wolken, die sich klar im Wasser spiegelten, zogen hoch und still über uns dahin; um uns raschelte das Schilf; stellenweise blitzte der Teich wie Stahl in der Sonne. Wir waren gerade im Begriff, ins Dorf zurückzukehren, als sich ein recht unangenehmer Vorfall ereignete.

Wir merkten schon lange, daß das Wasser in unserem Boot langsam stieg. Wladimir hatte den Auftrag, es mit einem Kübel, den mein vorsorglicher Jäger einer unachtsamen Frau stibitzt hatte, auszuschöpfen. Die Sache ging ganz gut, solange Wladimir seiner Obliegenheit nachkam. Gegen Ende der Jagd aber begannen die Enten – gleichsam zum Abschied – sich in solchen Scharen zu erheben, daß wir kaum zum Laden kamen. Während dieser eifrigen Schießerei achteten wir nicht auf den Zustand unseres Bootes, als plötzlich bei einer starken Bewegung Jermolajs (er wollte eine geschossene Ente greifen und drückte mit dem ganzen Körper auf den Bootsrand) unser gebrechliches Fahrzeug sich zur Seite neigte, Wasser schöpfte und feierlich unterging, zum Glück an einer flachen Stelle. Wir schrien auf, aber es war schon zu spät: im nächsten Augenblick standen wir bis an den Hals im Wasser, umringt von den schwimmenden Körpern der toten Enten. Noch jetzt kann ich nicht, ohne zu lachen, an die erschrockenen und bleichen Gesichter meiner Kameraden denken (höchstwahrscheinlich hatte auch mein Gesicht seine Farbe verloren); aber ich gestehe, daß mir in jener Minute durchaus nicht zum Lachen war. Jeder von uns hielt sein Gewehr über den Kopf, und Sutschok hob, wohl aus alter Gewohnheit, den Herrschaften alles nachzumachen, seine Stange in die Höhe. Als erster brach Jermolaj das Schweigen.

»Pfui Teufel!« sagte er und spuckte ins Wasser. »Eine

schöne Bescherung! Und alles deinetwegen, du alter Satan«, fügte er, zu Sutschok gewandt, zornig hinzu. »Was hast du für ein Boot?«

»Es ist meine Schuld«, flüsterte der Alte.

»Und auch du bist gut«, fuhr mein Jäger fort, indem er den Kopf in Wladimirs Richtung wandte, »warum hast du nicht aufgepaßt? warum hast du nicht geschöpft? du, du, du ...«

Doch Wladimir dachte nicht mehr daran, sich zu rechtfertigen: er zitterte wie ein Blatt, seine Zähne klapperten, und er lächelte höchst blöde. Dahin waren seine Beredsamkeit, sein Bestreben, gebildet zu erscheinen, und sein Eigendünkel!

Das verdammte Flachboot schwankte leise unter unseren Füßen ... Im Augenblick des Kenterns schien uns das Wasser sehr kalt zu sein, aber wir gewöhnten uns bald daran. Als der erste Schreck vorüber war, sah ich mich um; ringsum, in einer Entfernung von zehn Schritt, wuchs Schilf; über seine Spitzen hinweg sah man in der Ferne das Ufer. Schlimm, dachte ich.

»Was nun?« fragte ich Jermolaj.

»Wir wollen sehen: wir können doch nicht hier übernachten«, antwortete er. »Na, du, halte meine Flinte«, sagte er zu Wladimir.

Wladimir gehorchte ohne Widerrede.

»Ich werde eine Furt suchen gehen«, fuhr Jermolaj mit einer Selbstverständlichkeit fort, als ob in jedem Teich eine Furt sein müsse; er nahm Sutschoks Stange und entfernte sich in Richtung auf das Ufer, wobei er vorsichtig den Boden abtastete.

»Kannst du denn schwimmen?« fragte ich ihn.

»Nein«, ertönte seine Stimme aus dem Schilf.

»Nun, dann wird er ertrinken«, bemerkte gleichmütig Sutschok, der auch vorher nicht vor der Gefahr erschrokken war, sondern sich nur vor unserem Zorn gefürchtet hatte, und jetzt völlig beruhigt nur zuweilen die Luft ausstieß und anscheinend nicht das Bedürfnis hatte, seine Lage zu verändern.

»Und ohne jeden Nutzen wird er zugrunde gehen«, fügte Wladimir mit kläglicher Stimme hinzu.

Über eine Stunde verging, und Jermolaj kehrte nicht zurück. Uns kam diese Stunde wie eine Ewigkeit vor.

Anfangs verständigten wir uns mit ihm durch häufiges Anrufen; dann begann er uns seltener zu antworten und verstummte schließlich völlig. Im Dorf läutete es zum Vespergottesdienst. Wir sprachen nicht miteinander, bemühten uns sogar, einander nicht anzusehen. Enten strichen über unsere Köpfe hin; einige wollten neben uns einfallen, stiegen aber plötzlich wie ein Keil in die Höhe und suchten mit Geschrei das Weite. Wir wurden allmählich steif. Sutschok blinzelte, als ob er sich schlafen legen wollte.

Endlich kam zu unserer unbeschreiblichen Freude Jermolaj zurück.

»Nun?«

»Ich war am Ufer und habe eine Furt gefunden ... Laßt uns gehn.«

Wir wollten gleich aufbrechen, er zog aber vorerst unter Wasser eine Schnur aus seiner Hosentasche, schlang sie um die Ruder der erlegten Enten, nahm beide Enden zwischen die Zähne und stapfte voraus; Wladimir folgte ihm, ich ging als dritter, und Sutschok beschloß unseren Zug. Bis zum Ufer waren es ungefähr zweihundert Schritt; Jermolaj ging sicher und ohne anzuhalten (so genau hatte er sich den Weg gemerkt), ab und zu rief er: »Mehr nach links, hier rechts ist eine tiefe Stelle!« Oder: »Mehr nach rechts, hier links bleibt man stecken ...« Zuweilen reichte uns das Wasser bis zum Hals; zweimal kam es dem armen Sutschok, der von uns allen der

Kleinste war, in den Mund, und er stieß Luftblasen aus. »Na, na, na!« schrie ihn Jermolaj zornig an, und Sutschok tapste, strampelte mit den Beinen und hopste, bis er auf eine flachere Stelle gelangte; aber selbst in höchster Not entschloß er sich nicht, nach meinem Rockschoß zu greifen. Erschöpft, schmutzig und durchnäßt erreichten wir endlich das Ufer.

Zwei Stunden später saßen wir bereits – abgetrocknet, soweit es möglich war – in einem großen Heuschober und begannen mit dem Abendessen. Der Kutscher Jegudijil, ein äußerst langsamer, schwerfälliger, besonnener und verschlafener Mann, stand an der Tür und traktierte Sutschok eifrig mit Tabak. Ich habe beobachtet, daß Kutscher in Rußland sich sehr schnell anfreunden. Sutschok schnupfte gierig, bis zur Übelkeit: spuckte, hustete und genoß es offensichtlich außerordentlich. Wladimir gab sich ein träumerisches Aussehen, neigt sein Köpfchen zur Seite und sprach wenig. Jermolaj rieb unsere Flinten trocken. Die Hunde wedelten übertrieben schnell mit ihren Ruten in Erwartung der Hafersuppe; die Pferde stampften und wieherten im offenen Schuppen ... Die Sonne ging gerade unter; in breiten Purpurstreifen vergingen ihre letzten Strahlen; die goldenen Wölkchen am Himmel wurden kleiner und kleiner wie eine an Land gespülte zerfließende Welle ... Vom Dorf her erklangen Lieder.

Aus: »Aufzeichnungen eines Jägers«

5. *Von Sonntagsjägern*

»Der Sonntagsjäger«, gezeichnet von Olaf Gulbransson

Jagdsport
Karl Valentin

Liesl Karlstadt: Soso, Sie sind auch ein Jäger? Wann gehn Sie immer auf die Jagd?

Karl Valentin: Ja nicht immer! Hie und da oft sehr selten.

L. K.: Aha, also ein sogenannter Sonntagsjäger! Haben Sie schon viel geschossen?

K. V.: Geschossen schon viel – aber wenig getroffen!

L. K.: Wie kommt das?

K. V.: Ja, da bin ich überfragt. – Ich hab ein sehr gutes Gewehr, Munition, an großen Rucksack...

L. K.: Jaja, die Ausrüstung ist Nebensache, die Hauptsache wäre der gute Jäger.

K. V.: Was heißt der gute Jäger! Wenn ein guter Jäger keine Ausrüstung hat, dann kann er nichts machen.

L. K.: Sie verstehen mich falsch; ich meine, der beste Jäger mit der besten Ausrüstung trifft nichts, wenn kein Wild da ist; deshalb ist eigentlich die Hauptsache an der ganzen Jägerei das Wild, also die Rehe, Hasen, Rebhühner, Gemsen und dergleichen und so weiter.

K. V.: Ja, das ist klar. Wenn's kein Wild geben würde, dann gäb's auch jedenfalls keine Jäger.

L. K.: Ja, es gibt aber Wild, und Jäger gibt's auch!

K. V.: Ja freilich gibt's Jäger, ich bin ja einer, des hab ich ja doch schon gsagt!

L.K.: Freilich haben Sie mir des gsagt, das glaub ich ja auch. Ich hab nur wissen wollen, ob Sie schon was geschossen haben!

K. V.: Ja freilich! Karpfen, Hechte, Forellen.

L.K.: Was? – Fische haben Sie geschossen?

K. V.: Na! Ich bin doch Fischer auch.

L.K.: Soso, Sie sind auch Fischer?

K. V.: Ja! Ich bin Fischer! Ich hab amal einen Bekannten ghabt, der heißt Fischer, und den hab ich amal gfragt, warum er Fischer heißt, das hat der gar nicht gewußt.

L.K.: Das find ich nicht so eigenartig, wenn der das nicht gewußt hat, warum er Fischer heißt; da find ich das viel lustiger, daß Sie ein Fischer sind.

K. V.: Was heißt da lustiger? Die Fischerei ist doch nicht lustig, eher langweilig.

L.K.: Ja, das stimmt; deshalb ist sie ja so lustig, nicht für den Fischer, aber für die andern!

K. V.: Für was für andere?

L.K.: Na ja, für die Zuschauer! Wenn so ein Fischer zum Beispiel fünf Stund lang nach einem Fisch fischt, und er zieht dann einen alten Hosenträger raus oder eine alte Matratzenfeder, das ist doch lustig!

K. V.: Für uns Fischer nicht! – Und übrigens kommt so etwas ganz selten vor. Und wenn man so altes Zeug rausangelt, so ist da nicht der Fischer schuld, sondern diese andern, die so altes Glump ins Fischwasser hineinwerfen, statt in die Kehrichttonne – die Drecksäue!

L.K.: Ja, wo haben Sie denn Ihr Fischwasser?
K.V.: In der Würm.
L.K.: In der Würm? Und mit was fischen Sie da?
K.V.: Mit Würm.
L.K.: In der Würm fischen Sie mit Würm?
K.V.: Nein! Mit Würm fisch ich in der Würm.
L.K.: Das ist doch das gleiche?
K.V.: Haha, Sie sind gelungen! Ich kann doch nicht die Würm an die Angel hinstecken und in die Würm meine Angel hineinhängen!
L.K.: Ja, also das versteh ich nicht!
K.V.: Ja, das kann ich verstehn, daß Sie das nicht verstehn! Habn Sie die Würm noch nicht gsehen?
L.K.: Was für Würm?
K.V.: Na, die Würm!
L.K.: Ja, wieviel Würm meinen Sie denn?
K.V.: Ja, nur eine!
L.K.: Was? Eine Würm? Das ist doch kein Deutsch! Es heißt doch: die Würmer!
K.V.: Ja, Sie können doch nicht sagen: durch Gräfelfing fließt die Würmer! Die Würm ist doch ein Bach, ein kleiner Fluß!
L.K.: Ja, das wußt ich nicht, daß in Gräfelfing die Würm durchfließt, denn ich wohn ja in Planegg.
K.V.: Da fließt ja die Würm auch durch!
L.K.: Dieselbe Würm?
K.V.: Das weiß ich nicht, ob das dieselbe ist – kann sein!

Die schießwütige Gräfin
Achim von Arnim

Die Gräfin L. war kurzsichtig, aber sie liebte noch immer die Jagd, ungeachtet sie niemals gut geschossen hatte. Ihre Jäger kannten ihre Art und nahmen sich vor ihr in acht; sie schoß dreist auf jeden Fleck, wo sich etwas regte, es war ihr einerlei, was es sein mochte.

Abbé D…, einer der gelehrtesten Männer des Landes, mußte sie mit ihrem vierzehnjährigen Sohne, dem Grafen Johann, auf einer dieser Treibjagden begleiten. Die Jäger suchten ihnen einen sichern Platz zum Anstand hinter zwei starken Bäumen aus. Der Abbé nahm aus Langeweile ein Buch aus seiner Tasche, das er vom Jagdschloß mitgenommen.

Der junge Graf lauerte aufmerksam auf einen Rehbock, der herangetrieben wurde. In dem Augenblicke, als er losdrücken wollte, fiel ein Schuß der Gräfin, den sie ungeschickt und übereilt auf denselben Rehbock tun wollte, so geschickt durch den schmalen Luftraum zwischen den beiden Bäumen, die den Abbé und den Grafen sicherten, daß sich beide zu gleicher Zeit verwundet fühlten und aufschrieen. Die Gräfin wurde bei diesem Geschrei ohnmächtig; die Jäger und die übrige Gesellschaft, in der sich auch ein Wundarzt befand, eilten von allen Seiten herbei und teilten ihre Sorge zwischen der Gräfin und dem jungen Erbgrafen.

Die Güte und Geduld des Abbés ist jedem, der ihn gesehen, aus seinem Gesichte bekannt, seine Bescheidenheit jedem, der mit ihm gesprochen; hier erschien aber alles Dreies auf eine merkwürdige Probe gestellt. Kein Mensch fragte ihn, was ihm fehle, vielmehr drängte man ihn beiseite, und als er einem sagte: Er glaube zu sterben, der eine Rehposten wäre ihm in der Gegend der Leber durch die Rippen eingeschlagen, so antwortete ihm jener verstört: Der junge Graf sei durch beide Schulterblätter verletzt. Der Wundarzt sah nur auf den jungen Grafen, und der arme Abbé mußte sich selbst helfen, so gut er konnte, und suchte sich die Wunde mit seinem Schnupftuche, das er mit dem Rock festknöpfte, so gut als möglich zu verschließen.

Mit Mühe wurde eine Kutsche durch den steinigen, hügeligen Wald bis nahe an den Unglücksort gebracht. Die Gräfin hatte sich erholt und empfahl mit vielen Tränen dem Wundarzte ihren Sohn; der Abbé wollte ihr mit Klagen, über seinen Schmerz, keinen Kummer machen, und stieg sachte mit der letzten Anstrengung dem jungen Grafen in den Wagen nach. Der Wundarzt hielt den Grafen im Vorsitz, rückwärts saß der Abbé. Der Wagen fuhr sehr langsam, aber der Weg war uneben und stieß unvermeidlich; der Graf litt dabei und seufzte leise, aber auch der Abbé konnte, bei dem entsetzlichen Druck der Kugel, sich heftiger Seufzer und einzelner Ausrufungen nicht enthalten. Der Wundarzt hatte schon ein paarmal gesagt: Es hätte nichts auf sich mit der Wunde des Grafen, er könnte sich beruhigen; endlich sprach er ganz ernstlich:

»Ich ehre Ihr Mitleid, Herr Abbé, aber ich traue Ihrem Verstande zu, daß Sie sich der Ausbrüche desselben erwehren können, wenn es dem Gegenstande desselben gefährlich werden könnte; Ihre Beileidsbezeigungen machen den Kranken besorgter, als das Übel verdient.«

In dem Augenblicke krachte der Wagen über eine Wurzel, daß der arme Abbé kein Wort sagen konnte, sondern um sich verständlich zu machen, den Rock aufknöpfte; das Tuch fiel herunter und das Blut floß in großer Menge herab.

»Mein Gott«, rief der Wundarzt, »sind Sie auch verwundet, wahrhaftig! Ja, da muß man sich hier nichts draus machen. Ich habe heute auch ein paar Schroten von der Frau Gräfin in das Fleisch bekommen; es macht ihr so viel Vergnügen und ich singe lustig dabei:

Es ist ein Schuß gefallen,
o sagt, wer schoß da draus?
Es war ein junger Jäger,
der schoß im Hinterhaus.

Die Spatzen in dem Garten,
die machen viel Verdruß,
zwei Spatzen und ein Schneider,
die fielen von dem Schuß.

Die Spatzen von den Schroten,
der Schneider von dem Schreck:
die Spatzen in die Schoten,
der Abbé in den Dreck.«

Der gute Abbé, der eine gewisse Kränkung empfunden hatte, weil er erst so verbindlich in dem Hause aufgenommen und im Unglücke so ganz vergessen worden war, mußte jetzt selbst lächeln, als er bei dieser Anzeige bemerkte, wie er sich beim Falle auf den feuchten Boden beschmutzt hatte. Dann überfiel ihn eine Ohnmacht, von der er erst im Schlosse erwachte.

Ich sah ihn mehrere Jahre nach diesem Vorfalle, den er glücklich überstanden hatte. Ich fühlte die Kugel; sie hatte sich wohl zwei Hände breit hinter den Rippen niedergesenkt und war jetzt unter denselben fühlbar. Zuweilen litt er noch an Schmerzen und versicherte, daß alle Gefahren, die von den Dichtern einem gewissen Bogengeschoß aus weiblichen Augen nachgesagt würden, nicht mit den Gefahren weiblicher Jägerei zu vergleichen wären, denn die Geschicklichkeit Dianens möchte wohl so selten geworden sein, wie ihre anderen Eigenschaften.

Die Löwenjagd

Gottfried Keller

Ich war wieder so einsilbig und trübselig als je und kannte nur zwei Arten, mich zu vergnügen: die Erfüllung meiner Pflicht als Soldat und die Löwenjagd. Letztere betrieb ich ganz allein, indem ich mit nichts als mit einer guten Büchse bewaffnet zu Fuß ausging und das Tier aufsuchte, worauf es dann darauf ankam, dasselbe sicher zu treffen oder zugrunde zu gehen. Die stete Wiederholung dieser einen großen Gefahr und das mögliche Eintreffen eines endlichen Fehlschusses sagte meinem Wesen zu, und nie war ich behaglicher, als wenn ich so seelenallein auf den heißen Höhen herumstreifte und einem starken wilden Burschen auf der Spur war, der mich gar wohl bemerkte und ein ähnliches schmollendes Spiel trieb mit mir wie ich mit ihm. So war vor jetzt ungefähr vier Monaten ein ungewöhnlich großer Löwe in der Gegend erschienen, dieser, dessen Fell hier liegt, und lichtete den Beduinen ihre Herden, ohne daß man ihm beikommen konnte; denn er schien ein durchtriebener Geselle zu sein und machte täglich große Märsche kreuz und quer, so daß ich bei meiner Weise zu Fuß zu jagen lange Zeit brauchte, bis ich ihn nur von ferne zu Gesicht bekam. Als ich ihn zwei- oder dreimal gesehen, ohne zum Schuß zu kommen, kannte er mich schon und merkte, daß ich gegen ihn etwas im Schilde führe. Er fing gewaltig an zu brüllen und verzog sich, um mir an einer anderen Stelle wieder zu begegnen, und wir gingen so umeinander herum während mehreren Tagen wie zwei Kater, die sich zausen wollen, ich lautlos wie das Grab und er mit einem zeitweiligen wilden Geknurre.

Eines Tages war ich vor Sonnenaufgang aufgebrochen und nach einer noch nie eingeschlagenen Richtung hingegangen, weil der Löwe tags vorher sich auf der entgegengesetzten Seite herumgetrieben und einen vergeblichen Raubversuch gemacht; da die dortigen Leute mit ihren Tieren abgezogen waren, so vermutete ich, der hungrige Herr werde vergangene Nacht wohl diesen Weg eingeschlagen haben, wie es sich denn auch erwies. Als die Sonne aufging, schlenderte ich gemächlich über ein hügeliges goldgelbes Gefilde, dessen Unebenheiten lange himmelblaue Schatten über den goldenen Boden hinstreckten. Der Himmel war so dunkelblau wie Lydias Augen, woran ich unversehens dadurch erinnert wurde; in weiter Ferne zogen sich blaue Berge hin, an welchen das arabische Städtchen lag, das ich bewohnte, und am andern Rande der Aussicht einige Wälder und grüne Fluren, auf denen man den Rauch und selbst die Zelte der Beduinen wie schwarze Punkte sehen konnte. Es war totenstill und kein lebendes Wesen zu erspähen. Da stieß ich an den Rand einer Schlucht, welche sich durch die ganze steinige Gegend hinzog und nicht zu sehen war, bis man dicht an ihr stand. Es floß ein kühler frischer Bach auf ihrem Grunde, und wo ich eben stand, war die Vertiefung ganz mit blühendem Oleandergebüsch angefüllt. Nichts war schöner zu sehen als das frische Grün dieser Sträucher und ihre tausendfältigen rosaroten Blüten und zuunterst das fließende klare Wässerlein. Der Anblick ließ eine verjährte Sehnsucht in mir aufsteigen, und ich vergaß, warum ich hier herumstrich. Ich wünschte, in den Oleander hinabzugehen und aus dem Bach zu trinken, und in diesen zerstreuten Gedanken legte ich mein Gewehr auf den Boden und kletterte eiligst in die Schlucht hinunter, wo ich mich zur Erde warf, aus dem Bache trank, mein

Gesicht benetzte und dabei an die schöne Lydia dachte. Ich grübelte, wo sie wohl sein möchte, wo sie jetzt herumwandle und wie es ihr überhaupt gehen möchte? Da hörte ich ganz nah den Löwen ein kurzes Gebrüll aussto-ßen, daß der Boden zitterte. Wie besessen sprang ich auf und schwang mich den Abhang hinauf, blieb aber wie angenagelt oben stehen, als ich sah, daß das große Tier, kaum zehn Schritte von mir, eben bei meinem Gewehr angekommen war. Und wie ich dastand, so blieb ich auch stehen, die Augen auf die Bestie geheftet. Denn als er mich erblickte, kauerte er zum Sprunge nieder, gerade über meiner Doppelbüchse, daß sie quer unter seinem Bauche lag, und wenn ich mich nur gerührt hätte, so würde er gesprungen sein und mich unfehlbar zerrissen haben. Aber ich stand und stand so einige lange Stunden, ohne ein Auge von ihm zu verwenden und ohne daß er eines von mir verwandte. Er legte sich gemächlich nieder und be-trachtete mich. Die Sonne stieg höher; aber während die furchtbarste Hitze mich zu quälen anfing, verging die Zeit so langsam, wie die Ewigkeit der Hölle. Weiß Gott, was mir alles durch den Kopf ging; ich verwünschte die Lydia, deren bloßes Andenken mich abermals in dieses Unheil gebracht, da ich darüber meine Waffe vergessen hatte. Hundertmal war ich versucht, allem ein Ende zu machen und auf das wilde Tier loszuspringen mit bloßen Händen; allein die Liebe zum Leben behielt die Oberhand, und ich stand und stand wie das versteinerte Weib des Loth oder wie der Zeiger einer Sonnenuhr; denn mein Schatten ging mit den Stunden um mich herum, wurde ganz kurz und begann schon wieder sich zu längern. Das war die bitterste Schmollerei, die ich je verrichtet, und ich nahm mir vor und gelobte, wenn ich dieser Gefahr entränne, so wolle ich umgänglich und freundlich werden, nach Hause gehen und mir und andern das Leben so angenehm als möglich machen. Der Schweiß lief an mir herunter, ich zitterte vor krampfhafter Anstrengung, um mich auf selbem Fleck unbeweglich aufrecht zu halten, leise an allen Gliedern, und wenn ich nur die vertrockneten Lippen bewegte, so richtete sich der Löwe halb auf, wackelte mit seinem Hintergestell, funkelte mit den Augen und brüllte, so daß ich den Mund schnell wieder schloß und die Zähne aufeinander biß. Indem ich aber so eine lange Minute um die andere abwickeln und erleben mußte, verschwand der Zorn und die Bitterkeit in mir, selbst gegen den Löwen, und je schwächer ich wurde, desto geschickter ward ich in einer mich angenehm dünkenden, lieblichen Geduld, daß ich alle Pein aushielt und tapfer ertrug. Es würde aber, als endlich der Tag schon vorgerückt war, doch nicht mehr lange gegangen sein, als eine unverhoffte Rettung sich auftat. Das Tier und ich waren so ineinander vernarrt, daß keiner von uns zwei Soldaten bemerkte, welche im Rükken des Löwen hermarschiert kamen, bis sie auf höchstens dreißig Schritte nahe waren. Es war eine Patrouille, die ausgesandt war, mich zu suchen, da sich Geschäfte eingestellt hatten. Sie trugen ihre Ordonnanzgewehre auf der Schulter, und ich sah gleichzeitig dieselben vor mir aufblitzen gleich einer himmlischen Gnadensonne, als auch mein Widersacher ihre Schritte hörte in der Stille der Landschaft; denn sie hatten schon von weitem etwas bemerkt und waren so leise als möglich gegangen. Plötzlich schrien sie jetzt: ›Schau die Bestie! Hilf dem Oberst!‹ Der Löwe wandte sich um, sprang empor, sperrte wütend den Rachen auf, erbost wie ein Satan, und war einen Augenblick lang unschlüssig, auf wen er sich zuerst stürzen solle. Als aber die zwei Soldaten als brave lustige Franzosen, ohne sich zu besinnen, auf ihn zusprangen, tat er einen Satz gegen sie. Im gleichen Augenblick lag auch der eine unter seinen Tatzen, und es wäre ihm schlecht ergangen, wenn nicht der andere im gleichen Augenblicke dem Tier, zugleich den Schuß abfeuernd, das Bajonett ein halbes Dutzendmal in die Flanke gestoßen hätte. Aber auch diesem würde es schließlich schlimm ergangen sein, wenn ich nicht endlich auf meine Büchse zugesprungen, auf den Kampfplatz getaumelt wäre und dem Löwen, ohne weitere Vorsicht, beide Kugeln in das Ohr geschossen hätte. Er streckte sich aus und sprang wieder auf, es war noch der Schuß aus der anderen Muskete nötig, ihn abermals hinzustrecken, und endlich zerschlugen wir alle drei unsere Kolben an dem Tiere, so zäh und wild war sein Leben. Es hatte merkwürdigerweise keiner Schaden genommen, selbst der nicht, der unter dem Löwen gelegen, ausgenommen seinen zerissenen Rock und einige tüchtige Schrammen auf der Schulter. So war die Sache für dasmal glücklich abgelaufen, und wir hatten obenein den lange gesuchten Löwen erlegt.

Aus »Pankraz der Schmoller«

Gleiche Gedanken
Adolf Oberländer

AFRIKANISCHER SONNTAGSJÄGER: »Den möcht' ich gern meiner Frau mitnehmen ... die Kerls sollen aber leider gleich ausreißen, wenn man sie mal scharf ansieht!«

LÖWE *(für sich):* »Schade, den hätt' ich gern meiner Frau mitgenommen. Die Kerle reißen aber immer gleich aus, wenn man sie bloß anguckt!«

Ein Jäger längs dem Weiher ging
Volksweise

Ein Jäger längs dem Weiher ging,
lauf, Jäger, lauf!
Die Dämmerung den Wald umfing.

Was raschelt in dem Grase dort?
Lauf, Jäger lauf!
Was flüstert leise fort und fort!

Was ist das für ein Untier doch?
Lauf, Jäger, lauf!
Hat Ohren wie ein Blocksberg hoch!

Das muß fürwahr ein Kobold sein!
Lauf, Jäger, lauf!
Hat Augen wie Karfunkelstein!

Der Jäger furchtsam um sich schaut.
Lauf, Jäger, lauf!
Jetzt will ich's wagen – o mir graut!

O Jäger, laß die Büchse ruhn,
lauf, Jäger, lauf!
Das Tier könnt dir ein Leides tun!

Der Jäger lief zum Wald hinaus,
lauf, Jäger, lauf!
Verkroch sich flink im Jägerhaus.

Das Häschen spielt im Mondenschein,
lauf, Jäger, lauf!
Ihm leuchten froh die Äugelein.

Die schwarzbraune Hexe

Achim von Arnim/Clemens Brentano

Es blies ein Jäger wohl in sein Horn,
Wohl in sein Horn,
Und alles, was er blies, das war verlorn.
Hop sa sa sa,
Dra ra ra ra,
Und alles, was er blies, das war verlorn.
»Soll denn mein Blasen verloren sein?
Verloren sein?
Ich wollte lieber kein Jäger sein.«

Er zog sein Netz wohl über den Strauch,
Wohl über den Strauch,
Sprang ein schwarzbraunes Mädel heraus.
»Schwarzbraunes Mädel, entspringe mir nicht,
Entspringe mir nicht,
Hab große Hunde, die holen dich.«
»Deine großen Hunde, die holen mich nicht,
Die holen mich nicht,
Sie wissen meine hohe weite Sprünge noch nicht.«
Er warf ihr das Netz
wohl übern Leib,
da ward sie des jungfrischen Jägers Weib.
Hop sa sa sa,
Dra ra ra ra...

6. *Jägerlatein*

Leute, die mich nicht kennen, werden ... leicht veranlaßt, in die Wahrheit meiner Taten ein Mißtrauen zu setzen, was einen Kavalier von Ehre im höchsten Grade kränkt und beleidigt.

Aus »Die Abenteuer des Freiherrn von Münchhausen«, erzählt von Gottfried August Bürger

Die Jagdabenteuer des Freiherrn von Münchhausen

Gottfried August Bürger

1. Entenjagd

Eines Morgens sah ich durch das Fenster meines Schlafgemachs, daß ein großer Teich, der nicht weit davon lag, mit wilden Enten gleichsam überdeckt war. Flugs nahm ich mein Gewehr aus dem Winkel, sprang zur Treppe hinab, und das so über Hals und Kopf, daß ich unvorsichtigerweise mit dem Gesicht gegen die Türpfoste rannte. Feuer und Funken stoben mir aus den Augen: aber das hielt mich keinen Augenblick zurück. Ich kam bald zum Schuß; allein wie ich anlegte, wurde ich zu meinem großen Verdrusse gewahr, daß durch den soeben empfangenen heftigen Stoß sogar der Stein von dem Flintenhahn abgesprungen war. Was sollte ich nun tun? Denn Zeit war hier nicht zu verlieren. Glücklicherweise fiel mir ein, was sich soeben mit meinen Augen zugetragen hatte. Ich riß also die Pfanne auf, legte mein Gewehr gegen das wilde Geflügel an und ballte die Faust gegen eins von meinen Augen. Von einem derben Schlage flogen wieder Funken genug heraus, der Schuß ging los, und ich traf fünf paar Enten, vier Rothälse und ein paar Wasserhühner. Gegenwart des Geistes ist die Seele mannhafter Taten. Wenn Soldaten und Seeleute öfters dadurch glücklich davonkommen, so dankt der Weidmann ihr nicht seltener sein gutes Glück.

So schwammen einst auf einem Landsee, an welchen ich auf einer Jagdstreiferei geriet, einige Dutzend wilder Enten allzu weit voneinander zerstreut umher, als daß ich mehr denn eine einzige auf einen Schuß zu erlegen hoffen konnte; und zum Unglück hatte ich meinen letzten Schuß schon in der Flinte. Gleichwohl hätte ich sie gern alle gehabt, weil ich nächstens eine ganze Menge guter Freunde und Bekannten bei mir bewirten wollte.

Da besann ich mich auf ein Stückchen Schinkenspeck, welches von meinem mitgenommenen Mundvorrat in meiner Jagdtasche noch übriggeblieben war. Dies befestigte ich an eine ziemlich lange Hundsleine, die ich aufdrehte und so wenigstens noch um viermal verlängerte. Nun verbarg ich mich im Schilfgesträuch am Ufer, warf meinen Speckbrocken aus und hatte das Vergnügen, zu sehen, wie die nächste Ente hurtig herbeischwamm und ihn verschlang. Der ersten folgten bald alle übrigen nach, und da der glatte Brocken am Faden gar bald unverdaut hinten wieder herauskam, so verschlang ihn die nächste, und so immer weiter. Kurz, der Brocken machte die Reise durch alle Enten samt und sonders hindurch, ohne von seinem Faden loszureißen. So saßen sie denn alle daran wie Perlen an der Schnur. Ich zog sie gar allerliebst ans Land, schlang mir die Schnur ein halbes dutzendmal um Schulter und Leib und ging meines Weges nach Hause zu.

Da ich noch eine ziemliche Strecke davon entfernt war und mir die Last von einer solchen Menge Enten ziemlich beschwerlich fiel, so wollte es mir fast leid tun, ihrer allzu viele eingefangen zu haben. Da kam mir aber ein seltsamer Vorfall zustatten, der mich anfangs in nicht geringe Verlegenheit setzte. Die Enten waren nämlich noch alle lebendig, fingen, als sie von der ersten Bestürzung sich erholt hatten, gar mächtig an mit den Flügeln zu schlagen und sich mit mir hoch in die Luft zu erheben. Nun wäre bei manchem wohl guter Rat teuer gewesen. Allein ich benutzte diesen Umstand, so gut ich konnte, zu meinem

Vorteil, und ruderte mich mit meinen Rockschößen nach der Gegend meiner Behausung durch die Luft. Als ich nun gerade über meiner Wohnung angelangt war und es darauf ankam, ohne Schaden mich herunterzulassen, so drückte ich einer Ente nach der andern den Kopf ein, sank dadurch ganz sanft und allmählich gerade durch den Schornstein meines Hauses mitten auf den Küchenherd, auf welchem zum Glück noch kein Feuer angezündet war, zu nicht geringem Schreck und Erstaunen meines Koches.

Einen ähnlichen Vorfall hatte ich einmal mit einer Kette Hühner. Ich war ausgegangen, um eine neue Flinte zu probieren, und hatte meinen kleinen Vorrat von Hagel ganz und gar verschossen, als wider alles Vermuten vor meinen Füßen eine Flucht Hühner aufging. Der Wunsch, einige derselben abends auf meinem Tische zu sehen, brachte mich auf einen Einfall, von dem Sie, meine Herren, im Falle der Not Gebrauch machen können. Sobald ich gesehen hatte, wo sich die Hühner niederließen, lud ich hurtig mein Gewehr und setzte statt des Schrotes den Ladestock auf, den ich, so gut sich's in der Eile tun ließ, an dem obern Ende etwas zuspitzte. Nun ging ich auf die Hühner zu, drückte, sowie sie aufflogen, ab und hatte das Vergnügen, zu sehen, daß mein Ladestock mit sieben Stück, die sich wohl wundern mochten, so früh am Spieße vereinigt zu werden, in einiger Entfernung allmählich heruntersank. – Wie gesagt, man muß sich nur in der Welt zu helfen wissen.

2. Fuchs- und Schwarzwildjagd

Ein anderes Mal stieß mir in einem ansehnlichen Walde von Rußland ein wunderschöner schwarzer Fuchs auf. Es wäre jammerschade gewesen, seinen kostbaren Pelz mit einem Kugel- oder Schrotschusse zu durchlöchern. Herr Reineke stand dicht bei einem Baume. Augenblicklich zog ich meine Kugel aus dem Laufe, lud dafür einen tüchtigen Brettnagel in mein Gewehr, feuerte und traf so künstlich, daß ich seine Lunte fest an den Baum nagelte. Nun ging ich ruhig zu ihm, nahm mein Weidmesser, gab ihm einen Kreuzschnitt übers Gesicht, griff nach meiner Peitsche und karbatschte ihn so artig aus seinem schönen Pelze heraus, daß es eine wahre Lust und ein rechtes Wunder zu sehen war.

Zufall und gutes Glück machen oft manchen Fehler wieder gut. Davon erlebte ich bald nach diesem ein Beispiel, als ich mitten im tiefsten Walde einen wilden Frischling und eine Bache dicht hintereinander her traben sah. Meine Kugel hatte gefehlt. Gleichwohl lief der Frischling vorn ganz allein weg, und die Bache blieb stehen, ohne Bewegung, als ob sie an den Boden festgenagelt gewesen wäre. Wie ich das Ding näher untersuchte, so fand ich, daß es eine blinde Bache war, die ihres Frischlings Schwänzlein im Rachen hielt, um von ihm aus kindlicher Pflicht geleitet zu werden. Da nun meine Kugel zwischen beide hindurchgefahren war, so hatte sie diesen Leitzaum zerrissen, wovon die alte Bache das eine Ende noch immer kaute. Da nun ihr Leiter sie nicht weiter vorwärts gezogen hatte, so war sie stehengeblieben. Ich ergriff daher das übriggebliebene Endchen von des Frischlings Schwanz und leitete daran das alte hilflose Tier ganz ohne Mühe und Widerstand nach Hause.

3. Bären- und Wolfsjagd

Mir waren einmal Tageslicht und Pulver in einem polnischen Walde ausgegangen. Als ich nach Hause ging, fuhr mir ein ganz entsetzlicher Bär mit offenem Rachen, bereit, mich zu verschlingen, auf den Leib. Umsonst durchsuchte ich in der Hast alle meine Taschen nach Pulver und Blei. Nichts fand ich als zwei Flintensteine, die man auf einen Notfall wohl mitzunehmen pflegt. Davon warf ich einen mit Macht in den offenen Rachen des Ungeheuers, ganz seinen Schlund hinab. Wie ihm dies nun nicht allzuwohl gefallen mochte, so machte mein Bär linksum, so daß ich den andern nach der Hinterpforte schleudern konnte. Wunderbar und herrlich ging alles vonstatten. Der Stein fuhr nicht nur hinein, sondern auch mit dem andern Stein dergestalt zusammen, daß es Feuer gab und den Bär mit einem gewaltigen Knall auseinandersprengte.

Ob ich nun gleich diesmal mit heiler Haut davonkam, so möchte ich das Stückchen doch eben nicht noch einmal machen oder mit einem Bären ohne andere Verteidigungsmittel anbinden.

Es war aber gewissermaßen recht mein Schicksal, daß die wildesten und gefährlichsten Bestien mich gerade alsdann angriffen, wenn ich außerstande war, ihnen die Spitze zu bieten, gleichsam als ob ihnen der Instinkt meine Wehrlosigkeit verraten hätte. So hatte ich einst gerade den Stein von meiner Flinte abgeschraubt, um ihn etwas zu schärfen, als plötzlich ein schreckliches Ungeheuer von einem Bären gegen mich anbrummte. Alles, was ich tun konnte, war, mich eiligst auf einen Baum zu flüchten, um dort mich zur Verteidigung zu rüsten. Unglücklicherweise aber fiel mir während des Hinaufkletterns mein

Messer, das ich eben gebraucht hatte, herunter, und nun hatte ich nichts, um die Schraube, die sich ohnedies sehr schwer drehen ließ, zu schließen. Unten am Baume stand der Bär, und mit jedem Augenblicke mußte ich erwarten, daß er mir nachkommen würde.

Mir Feuer aus den Augen zu schlagen, wie ich wohl ehemals getan hatte, wollte ich nicht gerne versuchen, weil mir, anderer Umstände, die im Wege standen, nicht zu gedenken, jenes Experiment heftige Augenschmerzen zugezogen hatte, die noch nicht ganz vergangen waren. Sehnlich blicke ich nach meinem Messer, das unten senkrecht im Schnee steckte; aber die sehnsuchtsvollsten Blicke machten die Sache nicht um ein Härchen besser. Endlich kam ich auf einen Gedanken, der so sonderbar als glücklich war. Ich gab dem Strahle desjenigen Wassers, von dem man bei großer Angst immer großen Vorrat hat, eine solche Richtung, daß er gerade auf das Heft meines Messers traf. Die fürchterliche Kälte, die eben war, machte, daß das Wasser sogleich gefror, und in wenigen Augenblicken sich über mein Messer eine Verlängerung von Eis bildete, die bis an die untersten Äste des Baumes reichte. Nun packte ich den aufgeschossenen Stiel und zog ohne viel Mühe, aber mit desto mehr Behutsamkeit mein Messer zu mir herauf. Kaum hatte ich damit den Stein festgeschraubt, als Herr Petz angestiegen kam. Wahrhaftig, dachte ich, man muß so weise als ein Bär sein, um den Zeitpunkt so gut abzupassen, und empfing Meister Braun mit einer so herzlich gemeinten Bescherung von Rollern, daß er auf ewig das Baumsteigen vergaß.

Ebenso schoß mir ein anderes Mal unversehens ein fürchterlicher Wolf so nahe auf den Leib, daß mir nichts weiter übrigblieb, als ihm, dem mechanischen Instinkt zufolge, meine Faust in den offenen Rachen zu stoßen.

Gerade meiner Sicherheit wegen stieß ich immer weiter und weiter, und brachte meinen Arm beinahe bis an die Schulter hinein. Was war aber nun zu tun? – Ich kann eben nicht sagen, daß mir diese unbehilfliche Lage sonderlich anstand. – Man denke nur, Stirn gegen Stirn mit einem Wolfe! – Wir äugelten uns eben nicht gar lieblich zu.

Hätte ich meinen Arm zurückgezogen, so wäre mir die Bestie nur desto wütender zu Leibe gesprungen; soviel ließ sich klar und deutlich aus seinen flammenden Augen herausbuchstabieren. Kurz, ich packte ihn beim Eingeweide, kehrte sein Äußeres zuinnerst, wie einen Handschuh, um, schleuderte ihn zu Boden und ließ ihn da liegen.

4. Löwen- und Krokodilsjagd

Manche Reisenden sind bisweilen imstande, mehr zu behaupten, als genau genommen wahr sein mag. Daher ist es denn kein Wunder, wenn Leser oder Zuhörer ein wenig zum Unglauben geneigt werden. Sollten indessen einige von der Gesellschaft an meiner Wahrhaftigkeit zweifeln, so muß ich sie wegen ihrer Ungläubigkeit herzlich bemitleiden und sie bitten, sich lieber zu entfernen, ehe ich meine Schiffsabenteuer beginne, die zwar fast noch wunderbarer, aber doch ebenso authentisch sind.

Gleich die erste Reise, die ich in meinem Leben machte, geraume Zeit vor der russischen, von der ich eben einige Merkwürdigkeiten erzählt habe, war eine Reise zur See nach Ceylon, wo mein Onkel viele Jahre Gouverneur gewesen war.

Es mochten ungefähr vierzehn Tage seit unserer Ankunft verstrichen sein, als mir der älteste Sohn des Gouverneurs den Vorschlag tat, mit ihm auf die Jagd zu gehen, den ich auch herzlich gern annahm. Mein Freund war ein großer starker Mann und an die Hitze jenes Klimas gewöhnt, ich aber wurde in kurzer Zeit und bei ganz mäßiger Bewegung so matt, daß ich, als wir in den Wald gekommen waren, weit hinter ihm zurückblieb.

Ich wollte mich eben an dem Ufer eines reißenden Stromes, der schon einige Zeit meine Aufmerksamkeit beschäftigt hatte, niedersetzen, um mich etwas auszuruhen, als ich auf einmal auf dem Wege, den ich gekommen war, ein Geräusch hörte. Ich sah zurück und wurde fast versteinert, als ich einen ungeheueren Löwen erblickte, der gerade auf mich zukam und mich nicht undeutlich merken ließ, daß er gnädigst geruhe, meinen armen Leichnam zu seinem Frühstücke zu machen, ohne sich nur meine Einwilligung auszubitten. Meine Flinte war bloß mit Hasenschrot geladen. Langes Besinnen erlaubte mir weder die Zeit, noch meine Verwirrung. Doch entschloß ich mich, auf die Bestie zu feuern, in der Hoffnung, sie zu schrecken, vielleicht auch zu verwunden. Allein da ich in der Angst nicht einmal wartete, bis mir der Löwe zum Schusse kam, so wurde er dadurch wütend gemacht und kam nun mit aller Heftigkeit auf mich los. Mehr aus Instinkt als aus vernünftiger Überlegung versuchte ich eine Unmöglichkeit: zu entfliehen. Ich kehrte mich um, und mir läuft noch, sooft ich daran denke, ein kalter Schauder über den Leib – wenige Schritte vor mir steht ein scheußliches Krokodil, das schon fürchterlich seinen Rachen aufsperrte, um mich zu verschlingen.

Stellen Sie sich, meine Herren, das Schreckliche meiner Lage vor: Hinter mir der Löwe, vor mir das Krokodil, zu meiner Linken ein reißender Strom, zu meiner Rechten ein Abgrund, in dem, wie ich nachher hörte, die giftigsten Schlangen sich aufhielten.

Betäubt stürze ich zu Boden. Jeder Gedanke, den meine Seele noch vermochte, war die schreckliche Erwartung, jetzt die Zähne oder Klauen des wütenden Raubtiers zu fühlen oder in dem Rachen des Krokodils zu stecken.

Doch in wenigen Sekunden hörte ich einen starken, aber durchaus fremden Laut. Ich wage es endlich, meinen Kopf aufzuheben und mich umzuschauen, und – was meinen Sie? – zu meiner unaussprechlichen Freude finde ich, daß der Löwe in der Hitze, in der er auf mich losschoß, in eben dem Augenblick, in dem ich niederstürzte, über mich weg in den Rachen des Krokodils gesprungen war. Der Kopf des einen steckte nun in dem Schlunde des andern, und sie strebten mit aller Macht, sich voneinander loszumachen. Gerade noch zu rechter Zeit sprang ich auf, zog meinen Hirschfänger, und mit einem Streiche haute ich den Kopf des Löwen ab, so daß der Rumpf zu meinen Füßen zuckte. Darauf rammte ich mit dem untern Ende meiner Flinte den Kopf noch tiefer in den Rachen des Krokodils, das nun jämmerlich erstikken mußte. Bald nach diesem vollkommenen Sieg kam mein Freund, um zu sehen, was die Ursache meines Zurückbleibens wäre.

Nach gegenseitigen Glückwünschen maßen wir das Krokodil und fanden es genau vierzig Pariser Fuß sieben Zoll lang. Sobald wir dem Gouverneur dieses außerordentliche Abenteuer erzählt hatten, schickte er einen Wagen mit einigen Leuten aus und ließ die beiden Tiere nach seinem Hause holen. Aus dem Felle des Löwen mußte mir ein dortiger Kürschner Tobaksbeutel verfertigen, von denen ich einige meinen Bekannten zu Ceylon verehrte.

Die Haut des Krokodils wurde auf die gewöhnliche Art ausgestopft und macht nun eine der größten Merkwürdigkeiten in dem Museum zu Amsterdam aus, wo der Vorzeiger die ganze Geschichte jedem, den er herumführt, erzählt.

Dabei macht er denn freilich immer einige Zusätze, von denen verschiedene Wahrheit und Wahrscheinlichkeit in hohem Grade beleidigen. So pflegt er zum Exempel zu sagen, daß der Löwe durch das Krokodil hindurchgesprungen sei und eben bei der Hintertür habe entwischen wollen, als Monsieur, der weltberühmte Baron, wie er mich zu nennen beliebt, den Kopf, sowie er herauskam, und mit dem Kopfe zugleich auch drei Fuß von dem Schwanze des Krokodils abgehauen hätte. Das Krokodil, so fährt der Kerl bisweilen fort, blieb bei dem Verluste seines Schwanzes nicht gleichgültig, drehte sich um, riß Monsieur den Hirschfänger aus der Hand und verschlang den Hirschfänger mit solcher Hitze, daß dieser mitten durch das Herz des Ungetüms fuhr und es auf der Stelle sein Leben verlor. Ich brauchte Ihnen nicht zu sagen, meine Herren, wie unangenehm mir die Unverschämtheit dieses Schurken sein muß. Leute, die mich nicht kennen, werden durch dergleichen handgreifliche Lügen in unserm zweifelsüchtigen Zeitalter leicht veranlaßt, selbst in die Wahrheit meiner wirklichen Taten ein Mißtrauen zu setzen, was einen Kavalier von Ehre im höchsten Grade kränkt und beleidigt.

Die wunderbare Bärenjagd

Wilhelm Busch

Es war im Herbst des Jahres 1858, als sich das Gerücht verbreitete, es habe sich in dem nahe gelegenen Walde ein mächtig großer Bär gezeigt. Da ich nun ein eifriger und, ich darf wohl sagen, sehr geübter Jäger bin, so warf ich eines schönen Morgens meine Flinte über die Schulter, bewaffnete mich außerdem mit zwei Flaschen gutem Portwein, und nachdem ich mir noch eine echte Havanna unter die Nase gepflanzt, zog ich guten Mutes waldeinwärts.

Eifrig, wie ich war, hatte ich noch nicht daran gedacht, zu frühstücken, lehnte darum meine Flinte an einen Baum und setzte mich auf einen Haufen Moos und Reisig, um das Versäumte nachzuholen. Kaum aber habe ich Platz genommen, so fühle ich mich emporgehoben und falle rücklings auf den Boden hin. Zugleich arbeitet sich aus dem Reisig ein brummendes Ungetüm hervor, welches

ich sofort für einen Bären erkannte. Zum Glück hat mich die Natur mit großer Kaltblütigkeit ausgestattet, darum lief ich denn auch schleunigst davon, so schnell ich nur immer laufen konnte. Der Bär mir nach.

Plötzlich befinde ich mich, zu meinem Entsetzen, am Rande einer schroffen, mindestens 1000 Fuß hohen Felsenwand. Vor mir gähnt der Abgrund, hinter mir der grimmige Bär. Kurz entschlossen stürze ich mich, den einen meiner Frackschöße in den Zähnen des Bären hinterlassend, in die fürchterliche Tiefe. – Wie ich herunterkam, weiß ich nicht. – Mein erster Griff, als ich die Besinnung wiederfand, war nach den Weinflaschen; sie waren zu meiner unaussprechlichen Freude ganz unversehrt geblieben; zugleich fühle ich aber in meinem linken Schenkel einen solch durchdringenden Schmerz, daß es mir rein nicht menschenmöglich war, auch nur einen einzigen Schritt weiter zu gehen. –

Als ich nun so daliege und über meine hilflose Lage nachdenke, vernehme ich plötzlich dich hinter mir ein Gebrumm. Eilig raffe ich mich auf, und, den Bären dicht auf der Ferse, laufe ich wohl eine Stunde lang, bis ich einen Baum finde, der mir seine hilfreichen Arme entgegenstreckt. Schon habe ich die ersten Zweige erfaßt, aber in demselben Augenblicke packt mich auch schon der fürchterliche Bär bei beiden Beinen an. Zum Glück hatte ich meine dicke Buckskinhose angezogen. Wir beide, der Bär und ich, tun einen heftigen Ruck – die Knöpfe springen –, er behält die Buckskinhose in den Krallen, während ich, beschirmt von meiner Unterhose, die Spitze des Baumes gewinne.

Dieses Asyl hätte mir nun freilich wenig geholfen, wenn nicht glücklicherweise durch jenen heftigen Ruck eine meiner Weinflaschen sich losgemacht hätte und dem Bären auf die Hühneraugen gefallen wäre. Er hob sie mürrisch auf – besah sie – beroch sie – schüttelte sie; er brach ihr den Kopf ab – roch wieder – schmeckte und schmeckte noch einmal, und dann trank er sie schmunzelnd aus. Danach, als er sich den Bart gewischt, machte er Anstalt, zu mir den Baum heraufzusteigen. Ich dachte: »Sei's drum!« und warf ihm auch die zweite Flasche hinunter.

Diese soff das Vieh ebenfalls aus und tanzte dabei ganz lustig um den Baum herum, wobei ich zu meiner Freude die Bemerkung machte, daß es, trotz seiner Bärennatur, nicht mehr recht fest auf den Beinen war. – Aber o weh!

Jetzt tappte der Bär aufs neue am Baume herauf – trotz seines Rausches immer höher und höher, immer näher und näher. Mein Wein war zu Ende, meine Lage verzweiflungsvoll.

Da – auf einmal – knarr – bog sich der Baum – und knacks! brach er ab, und wir lagen unten. Zum Glück fiel ich sehr weich, weil ich unglücklicherweise auf den Bären fiel. Dieser umarmte mich sogleich mit seinen Vorderfüßen; ich hielt mich für verloren. Der Bär aber, welcher in

dem zärtlichen Stadium seines Rausches angekommen sein mußte, beleckte mich auf das freundschaftlichste im ganzen Gesichte herum, drückte mich aber dabei so heftig an seine Brust, daß ich, um nicht zu ersticken, genötigt war, ihn unter den Armen zu kitzeln. Der Bär, welcher darüber in ein krampfhaftes Lachen geriet, ließ mich los und wälzte sich im Grase herum. Dann untersuchte er die beiden Flaschen, und als er sich überzeugt hatte, daß sie wirklich ganz leer, legte er sich unter den Baum und fing an zu schnarchen wie ein Bär. Dies war mir natürlich sehr

angenehm. Ich dachte darüber nach, wie ich das Ungetüm am besten in meine Gewalt bekäme. Mein Taschenmesser war eine schlechte Waffe, und mein Gewehr stand wer weiß wo. Hier wäre nun wohl mancher andere ratlos dagestanden oder gar davongelaufen. Ich aber griff in meine linke Westentasche, nahm meinen Korkzieher hervor, zog durch den Griff desselben eine Schnur, die ich an

dem verhängnisvollen Baum befestigte, und schraubte den Stöpselzieher sodann mit ein paar kräftigen Druckern dem Bären in das Nasenbein. Dies alles war das Werk eines Augenblicks. Der Bär, welchen das Ding zu genieren schien, grunzte höchst unwillig, nieste dreimal hintereinander, erwachte und wollte mit alsogleich auf den Leib rücken. Aber der Riß, den es ihm gab! –

Zwar sprang die Bestie noch einige Male gegen mich an, weil sie aber merkte, daß es wehe tat, so ergab sie sich endlich mit Fassung in ihr unvermeidliches Schicksal. Ich hatte während der Zeit ein wenig gefrühstückt! Als ich damit fertig, zündete ich mir eine neue Zigarre an, nahm meinen Bären, der ein äußerst katzenjämmerliches Gesicht schnitt, am Strick und brachte ihn unter dem Jubel einer großen Menschenmenge in die Stadt, wo ich ihn, trotz Frackschoß und Unterhose, an die dortige Behörde ablieferte.

Äußerst ermüdet nach allen diesen gefahrvollen Abenteuern, legte ich mich nun sogleich ins Bett. – Vierundzwanzig Stunden mochte ich wohl ganz sanft geschlafen haben, als mich ein unerträglicher Schmerz aus meinen süßesten Träumen weckte. – Ich schickte zum Arzt. – Und nun zeigte sich etwas, was ich in der Hitze der Aktion nicht beachtet hatte; durch den Sturz von der Felswand hatte ich mir zweimal den Schenkel gebrochen, der Bär aber hatte mir bei seiner zärtlichen Umarmung drei Rippen im Leibe zerdrückt.

Die Autoren

Arnim, Achim von, * 1781 in Berlin, † 1831 in Wiepersdorf bei Jüterbog, und Brentano, Clemens, * 1778 in Koblenz, † 1842 in Aschaffenburg, zählen zu den bedeutendsten Dichtern der deutschen Hochromantik in Prosa und Lyrik; 1806–08 gaben die beiden Freunde gemeinsam die Volksliedersammlung *Der Knaben Wunderhorn* heraus, eine der größten Arbeiten, die im Geist der Romantik geleistet wurden.

Bürger, Gottfried August, * 1747 in Molmerswende, † 1794 in Göttingen, deutscher Dichter (Lieder, Balladen), schuf die klassische, volkstümlich gewordene Form der Münchhausenschen *Lügengeschichten.*

Busch, Wilhelm, * 1832 in Wiedensahl, † 1908 in Mechtshausen, deutscher Dichter, Zeichner und Maler, der unerreichte Meister der kleinen literarischen Form und dank seiner Doppelbegabung einer der Urväter des »Comic« *(Max und Moritz, Die fromme Helene, Maler Klecksel).*

Eichendorff, Joseph Freiherr von, * 1788 in Schloß Lubowitz bei Ratibor, † 1857 in Neisse, deutscher Lyriker und Erzähler, dessen von Sehnsucht, Schlichtheit, Naturnähe und weltoffener Lebensfreude bestimmtes Werk als Vollendung der deutschen romantischen Literatur gelten darf; Meisterwerke: *Das Marmorbild, Schloß Dürande, Aus dem Leben eines Taugenichts.*

Ganghofer, Ludwig, * 1855 in Kaufbeuren, † 1920 in Tegernsee, deutscher Schriftsteller, verfaßte neben vielen Volksstücken auch zahlreiche gemütvolle Heimatromane und -Erzählungen.

Goethe, Johann Wolfgang von, * 1749 in Frankfurt, † 1832 in Weimar, universaler deutscher Dichter und Denker, dessen Lebenswerk den Bogen vom Sturm und Drang über die Hochklassik bis zur Romantik spannt und von kosmopolitischer Welt- und Menschenliebe erfüllt ist *(Die Leiden des jungen Werthers, Wilhelm Meisters Lehrjahre, Torquato Tasso, Faust I., Faust II., West-östlicher Divan* etc.).

Gulbransson, Olaf, * 1873 in Kristiana (Oslo), † 1958 in Tegernsee, norwegischer Maler und Zeichner, machte sich in München als Karikaturist des »Simplicissimus« einen weltweit bekannten Namen.

Hoffmann, Heinrich, * 1809 in Frankfurt am Main, † 1894 ebenda, deutscher Arzt und Schriftsteller, leitete bis 1888 die städtische Nervenheilanstalt seiner Heimatstadt und erwarb sich mit seinem selbstillustrierten Kinderbuch *Der Struwwelpeter* weltweite Popularität.

Keller, Gottfried, * 1819 in Zürich, † 1890 ebenda, Schweizer Dichter, der ursprünglich Maler werden wollte; seine Gedichte, Romane und Novellenzyklen führen aus der Spätromantik in den zeitkritischen Realismus *(Der grüne Heinrich, Zürcher Novellen).*

Kind, Friedrich, * 1768 in Leipzig, † 1843 in Dresden, deutscher Schriftsteller, verfaßte neben Gedichten, Erzählungen und Dramen im Zeitgeschmack das Libretto zu Webers Oper »Der Freischütz«.

Löns, Hermann, * 1866 in Culm (Westpreußen), † 1914 bei Reims (gefallen), deutscher Schriftsteller, der insbesondere wegen seiner literarischen Skizzen, die von Natur- und Heimatliebe geprägt sind, große Popularität erlangte.

Oberländer, Adolf, * 1845 in Regensburg, † 1923 in München, deutscher Karikaturist, war ständiger Mitarbeiter der »Fliegenden Blätter« und ab 1869 auch der »Münchner Bilderbogen«.

Ortega y Gasset, José, * 1882 in Madrid, † 1955 ebenda, spanischer Kulturphilosoph und Schriftsteller *(Der Aufstand der Masse, Geschichte als System).* Verfaßte zahlreiche brillante Essays, u. a. auch den in diesem Buch veröffentlichten Essay über die Jagd.

Schwab, Günther, * 1904 in Prag, österreichischer Schriftsteller, im Hauptberuf Forstwirt; populär durch seine Heimatromane *Der Förster vom Silberwald, Das Echo der Berge.*

Turgenjew, Iwan, * 1818 in Orel, † 1883 in Bougival bei Paris, russischer Dichter, dessen erzählerisches Werk zusammen mit Tolstois und Dostojewskis Romanen den Höhepunkt der idealist. russ. Literatur des 19. Jahrhunderts bildet.

Valentin, Karl (eigentl. Valentin Ludwig Fey), * 1882 in München, † 1948 ebenda, deutscher Komiker und Schriftsteller, verfaßte zahlreiche Couplets, Monologe und Szenen von abstrakter, absurder Logik und beißender Ironie, die er zusammen mit Liesl Karlstadt aufführte.